面膜
配方与制备

李东光　主编

化学工业出版社
·北京·

内容提要

本书共收集面膜配方与制备方法 188 种，包括多效清洁面膜、保湿面膜、舒缓面膜、紧肤面膜、再生面膜、美白面膜。在介绍原料配比的同时详细介绍制备方法、原料介绍、产品应用、产品特性等。

本书可作为从事化妆品科研、生产、销售人员的参考读物，也可供相关精细化工专业的师生参考。

图书在版编目（CIP）数据

面膜配方与制备/李东光主编. —北京：化学工业出版社，2020.5

ISBN 978-7-122-36218-6

Ⅰ. ①面… Ⅱ. ①李… Ⅲ. ①面膜-配方②面膜-制备 Ⅳ. ①TQ658.2

中国版本图书馆 CIP 数据核字（2020）第 033237 号

责任编辑：张 艳	文字编辑：陈 雨
责任校对：盛 琦	装帧设计：王晓宇

出版发行：化学工业出版社（北京市东城区青年湖南街 13 号 邮政编码 100011）
印　　装：北京盛通数码印刷有限公司
710mm×1000mm 1/16 印张 12¾ 字数 264 千字 2020 年 9 月北京第 1 版第 1 次印刷

购书咨询：010-64518888　　　　　　售后服务：010-64518899
网　　址：http://www.cip.com.cn

凡购买本书，如有缺损质量问题，本社销售中心负责调换。

定　价：68.00 元

面膜，是护肤品中的一个类别。其最基本也是最重要的目的是弥补卸妆与洗脸的不足，在洁面基础上配合其他精华成分实现进一步的保养功能，例如补水保湿、美白、抗衰老、平衡油脂等。

面膜具有很多优点。第一，把湿润的面膜敷在脸上，面膜里的物质就把皮肤紧紧地包裹起来，使皮肤与外界的空气阻隔开，一方面让水分缓缓地渗透入表皮的角质层，同时也能防止膜内的水分很快丢失，让角质层的细胞在湿润的环境中"喝个够"，使深层细胞的胶原质吸足水分，这样皮肤便会柔软起来，弹性增加。与此同时，皮肤表面"铺上了被子"，会暖和起来，毛细血管慢慢扩张，于是加速了皮肤深层的血液微循环，增加了表皮各层细胞的活力。第二，在做面膜的过程中，皮肤与外界空气阻隔开，皮肤表面的温度有所升高，也会使毛孔扩张，促进汗腺的分泌，这样就有利于把毛孔里沾染的外界灰尘、化学污染物质和微生物清除掉，同样也有利于排除表皮细胞新陈代谢产生的废物和积累得过多的油脂类物质。紧跟着，它的胶黏性成分会把皮肤表面和毛孔里的污垢、化学污染物、废物、油脂等有害于皮肤健康的"毒物"黏附在面膜上清除。有的面膜里还加入一些粉状的吸附剂，把油性皮肤上过多的油脂吸附掉。面膜这种清洁护肤的效果是十分显著的，容易生暗疮、长青春痘的年轻人常做面膜，不但可以有效地预防暗疮的发生，也有助于暗疮的治疗。第三，面膜敷在脸上慢慢干燥后形成薄膜，在这个过程中缓缓地把皮肤适度收紧，增加张力，形成一种良好的刺激，让皮肤上的皱纹舒展开来。小的皱纹看不见了，大的、深的皱纹显得小了，整个面容也就显得年轻了。第四，湿润的面膜敷在脸上，并停留一段时间，这就方便了营养性或功效性的物质渗透进入皮肤的深层。与此同时，毛细血管的扩张，血液微循环的增加，会大大促进细胞对面膜中营养性或功效性物质的吸收和利用。正是考虑到这种优异的效果，人们便把各种营养性或功效性物质添加进面膜里，以期达到更好的效果。这么一来，面膜除了上面讲到的基本功效外，按照添加的物质，还可以增强各种功效，如保湿润肤、美白祛斑、防皱抗衰老、消炎排毒、防治暗疮等。通常，面膜可分成如下几类。

（1）清洁面膜：这是最常见的一种面膜，可以清除毛孔内的脏东西和多余的油脂，并去除老化角质，使肌肤清爽、干净。

（2）保湿面膜：含保湿剂，将水分锁在膜内，软化角质层，并帮助肌肤吸收营养，适合各类肌肤。

（3）舒缓面膜：迅速舒缓肌肤，消除疲劳感，恢复肌肤的光泽和弹性，适用于敏感性肌肤。

（4）紧肤面膜：收缩毛孔，淡化细纹，特别适用于没有时间去美容院做护理的女生。

（5）再生面膜：内含植物精华，可软化表皮组织、促进肌肤新陈代谢，适用于干性或缺水性肌肤。

（6）美白面膜：清除死皮细胞，兼具清洁、美白双重功效，使肌肤重现柔嫩光滑，白皙透亮。

近年来，面膜技术发展日新月异，新产品竞争更加激烈，新配方层出不穷。为满足有关单位技术人员的需要，我们编写了本书，共收集面膜新配方 188 种，在介绍原料配比的同时详细介绍制备方法、原料介绍、产品应用、产品特性等。本书可作为从事化妆品科研、生产、销售人员的参考读物。

本书的配方以质量份表示，在配方中有注明以体积份表示的情况下，需注意质量份与体积份的对应关系，例如质量份以 g 为单位时，对应的体积份单位是 mL，质量份以 kg 为单位时，对应的体积份单位是 L，以此类推。

本书由李东光主编，参加编写的还有翟怀凤、李桂芝、吴宪民、吴慧芳、邢胜利、蒋永波、李嘉等。

由于编者水平有限，书中不妥之处在所难免，敬请广大读者提出宝贵意见。主编的 e-mail 为 ldguang@163.com。

主编
2020 年 1 月

目录

二、保湿面膜　/047

三、舒缓面膜　/082

六、美白面膜　/160

一、清洁面膜

配方1　薄荷纯露精油面膜

<原料配比>

原　料	配比（质量份）				
	1#	2#	3#	4#	5#
薄荷精油	2	3	3	4	4
甘油	1	2	3	5	5
透明质酸钠	0.5	0.6	0.7	0.75	0.8
霍霍巴油	0.1	0.2	0.4	0.75	0.8
苯氧乙醇	0.1	0.2	0.3	0.45	0.5
尿囊素	0.1	0.2	0.3	0.35	0.4
丁二醇	2	3	6	9.5	10
PEG-40	1	1	1.5	1.5	2
羟苯甲酯	0.05	0.1	0.15	0.15	0.2
柠檬酸	0.01	0.1	—	1	1
薄荷纯露	加至100	加至100	加至100	加至100	加至100

<制备方法>

（1）称取 A 相原料投入主锅锅内，加温至 70℃，搅拌至全部溶解，A 相原料包括甘油、透明质酸钠、尿囊素、丁二醇、柠檬酸、薄荷纯露；搅拌过程中加入适量柠檬酸，调节 pH 值使其保持 6～7。

（2）保温 15min 后降温至 35～45℃，称取 B 相原料慢慢加入主锅，搅拌6～10min，B 相原料包括霍霍巴油、苯氧乙醇、PEG-40、羟苯甲酯。

（3）称取并加入 C 相原料搅拌 4min，C 相原料为薄荷精油。

（4）搅拌均匀，抽真空、冷却至 35℃后过滤得到药液。

（5）将上一步所得药液均匀涂抹在载体上。

<原料介绍>　所述的载体为无纺布、木浆布、蚕丝布或纯棉布。

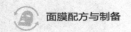

《产品应用》 本品是一种薄荷纯露精油面膜。

《产品特性》 本面膜具有净化肌肤、消炎和舒缓镇静的作用，并且皮肤吸收性好，有效减缓了营养物质的流失。

配方2 玻尿酸面膜

《原料配比》

原料	配比（质量份）		
	1#	2#	3#
丙二醇	5	15	10
透明质酸钠	1	5	3
黄原胶	1	10	6
抗坏血酸	5	15	10
生育酚	3	9	6
甘草酸二钾	2	3	2.3
石榴果提取物	1	5	1.5
氢化蓖麻油	11	19	11.9
苯氧乙醇	5	7	5.7
香精	3	5	3.5
甘草黄酮	3	5	3.5
尿囊素	1	5	1.5
玫瑰花水	5	10	8
枸杞	1	1.5	1.28
玻尿酸	4	5	4.5
青瓜	2	4	2.4

《制备方法》 将各组分原料混合均匀即可。

《产品应用》 本品是一种玻尿酸面膜。

《产品特性》 通过本方法制备的玻尿酸面膜具有良好的美容效果。

配方3 植物中药美白面膜泥

《原料配比》

原料	配比（质量份）		
	1#	2#	3#
绿茶	10	15	13
黄芪	5	8	6
白芷	20	25	22
白芍	15	20	17
白茯苓	15	20	17
芦荟	8	12	10
膨润土	2	4	3
珍珠粉	3	5	4

续表

原　料	配比（质量份）		
	1#	2#	3#
玫瑰粉	8	15	11
青稞粉	6	10	8
蜂蜜	15	20	18
橄榄油	7	11	9
丙三醇	10	15	12
水	30	45	38
防腐剂	1	2	2

【制备方法】　将各组分原料混合均匀即可。

【原料介绍】　所述的防腐剂采用羟基苯甲酸甲酯或尼泊尔金酯。所述的珍珠粉、玫瑰粉和青稞粉的粒度为800～1000目。

【产品应用】　本品主要用于平衡油脂分泌，给肌肤天然的营养。

【产品特性】　本产品采用纯天然的植物、中药制得，摒弃了大部分的化学产品，使得面膜的使用更加安全，适合各类肤质使用，平衡油脂分泌，给肌肤天然的营养，具有良好的祛皱美白、保湿润肤、防护和改善肌肤等功效。

配方4　纯天然面膜

【原料配比】

原　料	配比（质量份）				
	1#	2#	3#	4#	5#
白及提取物	20	20	30	15	10
甘油	5	5	—	20	10
蜂蜜	—	3	—	5	4
鸡蛋清	—	—	5	—	4
黄瓜提取物	—	—	—	4	4
去离子水	加至100	加至100	加至100	加至100	加至100

【制备方法】

（1）配制精华液：将白及提取物、甘油与去离子水配制成精华液，其中，所述白及提取物的体积分数为10%～30%，所述甘油的体积分数为5%～20%。

（2）纺丝制膜：将面膜基布铺设于纺丝机上，将精华液放入纺丝机的储料槽中，打开纺丝机开关纺丝，精华液丝均匀附着到面膜基布上形成面膜精华层，此时纺丝制膜完成。纺丝步骤具体如下：将精华液放入离心纺丝机的储料槽中，打开纺丝机开关进行离心纺丝，精华黏液经过离心纺丝后得到直径为100nm～10μm的精华液丝，面膜基布以线速度1～10m/min的速度做匀速运动，精华液丝下落均匀附着到面膜基布上形成面膜精华层，此时离心纺丝完成。

（3）烘干剪裁：面膜成品进行烘干，烘干温度为50～70℃，面膜湿度为20%～30%，然后将烘干后的面膜基布剪裁成面膜。

(4) 消毒封装：将剪裁成型的面膜进行紫外线消毒，将完成消毒的面膜进行封装则面膜制备完成。

◀ 原料介绍 ▶

黄瓜提取物制备方法：选取新鲜小黄瓜，剁碎；对黄瓜汁进行过滤；将过滤的黄瓜汁上锅蒸 2min；再次过滤黄瓜汁；在黄瓜汁里面放入防腐剂；在黄瓜汁里面放入维生素 C，完成制备。

白及提取物制备方法：

(1) 将干燥的白及茎块与去离子水以质量比（1∶5）～（1∶10）的比例浸泡，浸泡时间为 0.5～2h，浸泡温度为 40～80℃，纱布过滤，收集白及多糖滤液。

(2) 提取白及多糖滤液后的白及茎块继续以上浸泡和过滤过程 4～10 次，合并分次收集的白及多糖滤液，并置于 50～100℃的鼓风干燥箱中浓缩，获得质量分数为 1.5%～5% 的白及多糖浓缩液。

(3) 向上述获得的白及多糖浓缩液中加入无水乙醇搅拌，醇沉，过滤得到沉淀，并用无水乙醇洗涤过滤得到的沉淀，其中，醇沉所加无水乙醇的体积为白及多糖浓缩液体积的 1～2 倍，洗涤沉淀次数为 2～5 次，每次洗涤时间为 1～5min，将洗涤后得到的白及多糖置于温度为 40～80℃的烘箱中干燥，即得到白及提取物。

◀ 产品应用 ▶ 本品是一种纯天然面膜。

面膜的使用：拆开封装的面膜后对面膜精华层喷适量的水即可直接敷面使用。

◀ 产品特性 ▶

(1) 本产品利用纺丝技术纺成精华液丝，然后使精华液丝均匀附着到面膜基布上形成面膜精华层，使面膜具有两层结构，增强了面膜的保形性，经离心纺丝后的精华液呈纤维状形态，不仅纤维直径小，而且面部贴合性好，便于面部对营养成分的吸收。因此，本方法生产的面膜保形性好，精华利用率高。

(2) 本产品采用天然成分安全无污染，而且面膜成本低、精华利用率高。

配方 5　纯天然祛痘面膜

◀ 原料配比 ▶

原　　料	配比（质量份）	
	1#	2#
透明质酸钠	0.5	0.1
海藻酸钠	5	6
天然甘油	8	15
紫苏叶提取物	1	2
生姜汁	3	4
苦麻菜汁	1	1
蜂蜜	2	2
白萝卜汁	6	10
去离子水	加至 100	加至 100

◀制备方法▶

（1）按配比称重。

（2）取适量去离子水，加入海藻酸钠，搅拌，加热至 60～100℃，使之完全溶解；再加入天然甘油，搅拌，在 50～100℃ 下，使之充分溶解；再加入透明质酸钠，搅拌溶解，冷却至室温，得溶液 A。

（3）将紫苏叶提取物加入溶液 A 中，50～80℃ 下，搅拌溶解，冷却至室温，再分别加入生姜汁、苦麻菜汁、蜂蜜、白萝卜汁，搅拌溶解，成溶液 B。

（4）在室温条件下，加入去离子水至溶液 B 中，调节 pH 值至 6.0～7.0。

（5）微孔滤膜过滤，得溶液 C。

（6）将溶液 C 灭菌，装于面膜袋中即可。

◀原料介绍▶

所述紫苏叶提取物是将紫苏叶捣碎，加入质量 10～20 倍的去离子水，在温度为 20～80℃ 的条件下超声提取 1～3 次，每次 0.5～2h，合并提取液，经微孔滤膜过滤后减压浓缩制成。

所述生姜汁是将新鲜生姜洗净，再捣碎，榨汁，过滤，即得。

所述苦麻菜汁是将新鲜苦麻菜洗净，再捣碎，榨汁，过滤，即得。

所述白萝卜汁是将新鲜白萝卜洗净，再捣碎，榨汁，过滤，即得。

◀产品应用▶ 本品是一种纯天然祛痘面膜。

◀产品特性▶

（1）本产品采用纯天然食材或药食同源物质为原料，无刺激性，无毒无副作用，安全健康。

（2）本产品所用防腐剂为天然防腐剂，为紫苏叶提取物、生姜汁与白萝卜汁，防腐效果和传统化学合成防腐剂相当，无副作用，安全可靠。

（3）本产品面膜所选原料中的苦麻菜是一种天然药食同源植物，主要具有祛痘的功效，再以生姜、白萝卜、蜂蜜为辅助，长期使用可以祛痘，美化皮肤。

（4）本产品成本低、成分安全可靠，适合各种青春痘的改善控制。

配方6　淡化黄褐斑面膜

◀原料配比▶

原　　料	配比（质量份）		
	1#	2#	3#
米酒液	5	9	7
川芎-益母草提取液	2	5	3
女贞子-旱莲草提取液	3	8	5
红景天提取液	—	—	1.5
甘油硬脂酸酯	0.5	1.8	1.2
牛油果树果油	0.8	1.5	1
玻尿酸	0.3	0.8	0.5
水	10	15	13

《制备方法》 将各组分原料混合均匀即可。

《原料介绍》 米酒液的制备方法为：将糯米清洗，按（米：水）1：3比例浸泡5～8h后，放入蒸锅中于100～105℃蒸30～40min，待温度降至35～40℃时拌入占糯米质量0.5%～0.8%的酒曲，搅拌均匀后密封，将容器置于20～40℃温度下保温40h，过滤后得到米酒液。

川芎-益母草提取液的制备方法为：将川芎和益母草按质量比1：（3～5）的比例放入锅中，加1～3倍水浸泡8～10h，在温度为80～100℃煎煮30～40min，过滤得滤液，药渣加1～2倍水，在温度为80～100℃煎煮20～30min，过滤得滤液，合并两次滤液后浓缩至300mL。

女贞子-旱莲草提取液的制备方法为：取质量相等的女贞子和旱莲草，加入6～8倍量60%～70%乙醇回流提取三次，前两次1.5h，第三次提取3h，滤过后合并提取液，回收乙醇至无醇味，浓缩至相对密度为0.95～1.05的稠膏；然后再加1～2倍量水，水沉二次，每次12h，滤过取上清液，滤液浓缩至相对密度为1.03～1.10的浓缩液，即得。

《产品应用》 本品是用于淡化黄褐斑的面膜。

《产品特性》 本产品将经酒曲发酵而成的对皮肤没有任何刺激和毒副作用的米酒作为面膜原料，利用米酒发酵液的护肤成分及代谢物，同时添加川芎、益母草、女贞子、旱莲草提取液，糅合米酒及中药的美容功效，不仅增加了面膜中的营养物质，给肌肤提供充分的营养，还使得制备的面膜具有淡化黄褐斑的功效，强化了面膜的功能。

配方 7　淡化雀斑的中药面膜

《原料配比》

原　　料	配比（质量份）			
	1#	2#	3#	4#
白芷	5	9	7	12
竹叶	6	7	8	9
北豆根	4	6	5	7
黑豆	12	14	13	16
薏苡仁	5	7	6	9
柠檬片	6	9	7	12
锦灯笼	4	6	5	8
马鞭草	12	13	13	15
蜂蜜	3	5	4	8
蛋清	4	6	5	7
淘米水	50	90	70	130

《制备方法》

（1）按质量计算准备上述原料药；淘米水选择新鲜的淘米水，蜂蜜选用无添加的土蜂蜜。

（2）将白芷、北豆根、黑豆、薏苡仁、柠檬片研磨成粉末待用；竹叶、马鞭草和锦灯笼粉碎成长度为 2cm 的小段。粉末的目数为 100 目。

（3）首先将粉碎的竹叶、马鞭草、锦灯笼加入半量的淘米水加热沸腾，熬煮 30～40min 后降温至 60～70℃ 继续熬煮 20～30min，趁热过滤，取滤液，加入步骤（2）研磨的粉末以及余量的淘米水搅拌均匀加热至沸腾，维持微沸状态 20min 后自然冷却至 30～40℃，加入蜂蜜和蛋清，混合搅拌均匀后冷却至室温得到中药面膜。

◀产品应用▶ 本品是一种淡化雀斑的中药面膜。

◀产品特性▶ 本面膜淡化雀斑效果显著，价格低廉，无毒副作用，不会造成患者对药物的依赖性，不易复发；制作原料药常见易得，制作方法简单易行。

配方 8　当归多糖面膜

◀原料配比▶

原　　料	配比（质量份）
壳聚糖	3
柠檬酸	6
当归多糖	0.5
羧甲基纤维素钠	1
水	200
珍珠粉	适量

◀制备方法▶

（1）当归多糖的提取：将当归粉碎，过 200 目筛，按照料液比 1∶（10～20）浸泡在水中，在 60～70℃ 下浸泡 2h，过滤，收集滤液，将滤液蒸发浓缩至密度为 1.07g/mL，然后加入无水乙醇，至乙醇的质量分数为 70%，在 50℃ 下真空干燥 12～16h，即得到当归多糖。

（2）溶胶的配制：将壳聚糖、柠檬酸、当归多糖、羧甲基纤维素钠、水混合，在 3000r/min 的转速下搅拌 1h，得到溶胶。

（3）面膜的制备：将溶胶按 5℃/min 的速率升温至 70℃，1000r/min 的转速下搅拌反应 2h，然后加入溶胶质量 0.05% 的珍珠粉，继续搅拌 90min，超声功率 200～500W、超声频率 30Hz 超声分散 20～30min，然后灭菌、分装即可。

◀产品应用▶ 本品是一种当归多糖面膜。

使用方法：每晚睡前，将脸部清洗干净，取本面膜适量均匀涂抹于脸部，按摩 3min。

◀产品特性▶ 本品中当归多糖提取物，对酪氨酸酶具有较好的活性抑制作用，能清除自由基，美白效果好。可以快速地控制皮肤溢油、收敛毛孔、美白肌肤、锁住肌肤的水分。

配方 9　蜂蜜蓝莓面膜

《原料配比》

原　　料	配比(质量份)		
	1#	2#	3#
野生蜂蜜	18	22	20
蓝莓汁	30	20	25
牛奶	8	12	10
燕麦粉	35	25	30
精油	8	12	10
维生素 A	6	3	5

《制备方法》　将原料混合均匀,加热至 40～58℃,并在此温度下搅拌 20～30min,然后均匀地涂抹在面膜成型板上,冷却后取出面膜,用面膜保鲜材料包装即成。较低的加热温度和合适的搅拌时间可防止蜂蜜等原料中有效成分活性的丧失。

《原料介绍》　所述蓝莓汁的制备方法:

(1) 将新鲜蓝莓果实打碎,在室温下加水提取两次,合并提取液,超滤膜过滤,得蓝莓滤液。

(2) 将过滤后的蓝莓滤渣加水混匀,调整 pH 值为 4.5～5.5,加酶水解 4～6h,固液离心分离,将分离液精滤,得到蓝莓提取液。

(3) 将蓝莓滤液和蓝莓提取液混合,浓缩至含水量为 10%。

所述蓝莓汁中的水含量为 8%～15%,最为合适的水含量为 10%。

所述蓝莓汁是新鲜蓝莓破碎后过滤所得的滤液和过滤后的蓝莓果渣经酶水解提取得到的提取液的混合液。

《产品应用》　本品是一种蜂蜜蓝莓面膜。

《产品特性》　本产品具有洁净皮肤、美白、除疤痕、祛痘、抗皱保湿、去死皮、软化滋润肌肤、营养上皮细胞、促进皮肤组织再生等多种美容效果。

配方 10　含菠萝蛋白酶的面膜

《原料配比》

原　　料	配比(质量份)		
	1#	2#	3#
菠萝蛋白酶	0.8	1.0	1.2
茶多酚	0.4	0.5	0.6
甘油	5	8	11
透明质酸	0.2	0.5	0.8
芦荟提取物	0.5	1	1.5
还原型谷胱甘肽	0.05	0.1	0.15
氯化钙	0.02	0.05	0.08
水	加至 100	加至 100	加至 100

◀制备方法▶

（1）制备 A 溶液：称取菠萝蛋白酶和茶多酚于适量水中，水温为 8～12℃，高速均质搅拌 3～7min，静置 20～40min，制得菠萝蛋白酶-茶多酚配合物溶液，即 A 溶液。

（2）制备 B 溶液：称取甘油、透明质酸、芦荟提取物、还原型谷胱甘肽、氯化钙于剩余水中，加热至 70～90℃，高速均质搅拌至所有物质溶解，冷却至 40℃，制得 B 溶液。

（3）将 A 溶液倒入 B 溶液中，一边倒一边搅拌均匀，灌装。

◀产品应用▶　本品是一种含菠萝蛋白酶的面膜。

◀产品特性▶

（1）茶多酚与菠萝蛋白酶形成配合物，维持菠萝蛋白酶的三级结构，使菠萝蛋白酶的活性能长期保持。

（2）茶多酚是由绿茶提取的具有抗氧化作用的物质，可以抑制皮肤线粒体中的脂氧合酶活性和脂质的过氧化作用，抑制黑色素的生成，减轻色素沉着。

（3）本产品甘油含量低，使用后没有油腻感。

配方 11　含骨胶原的祛斑面膜液

◀原料配比▶

原　　料	配比（质量份）				
	1#	2#	3#	4#	5#
柚皮苷	4	4.3	4.5	4.7	5
牛油果油	6	7	8	8	9
光果甘草根提取液	10	11	13	14	15
金盏花提取液	8	9	10	11	12
骨胶原	2	2.8	2.5	2.2	3
卵磷脂	1	1.7	1.5	1.3	2
羊胎盘素	9	12	11	10	13
三烯生育醇	2	4	3	3	5
多聚甘油	1	1.3	1.5	1.7	2
磷酸酯钠	3	3.4	3.5	3.6	4
甘草酸二钾	0.5	0.6	0.8	0.9	1
去离子水	82	86	85	83	87
苯氧乙醇	2	4	3	3	5

◀制备方法▶

（1）取光果甘草根提取液、骨胶原和多聚甘油，放入乳化锅中，在 60～65℃下均质处理 20～25min，出料，获得第一混合物。

（2）取牛油果油、金盏花提取液、卵磷脂和三烯生育醇，放入乳化锅中，在 75～80℃下均质处理 12～16min，出料，获得第二混合物。

（3）将第一混合物和第二混合物合并，放入超声波处理器中，超声处理 40～50min，出料，获得第三混合物。

（4）取去离子水、磷酸酯钠、甘草酸二钾和苯氧乙醇，放入乳化锅中，在 68～

72℃下均质处理 10～15min，获得第四混合物。

（5）将步骤（4）中的乳化锅降温至 40～45℃，取柚皮苷和羊胎盘素，将柚皮苷、羊胎盘素和第三混合物投入第四混合物中，均质处理 25～30min，出料，获得第五混合物。

（6）将第五混合物进行性质检测，合格后，即可。

◀原料介绍▶ 所述光果甘草根提取液由以下方法制得：取光果甘草根，洗净后，烘干，研末，加入 8～10 倍质量的乙醇水溶液，加热回流提取 1～2h，获得回流提取液和回流提取残渣，向回流提取残渣中加入 5～6 倍质量的乙醇水溶液，浸泡 1～2h，超声波处理 50～60min，获得超声波提取液和超声波提取残渣，将超声波提取液与回流提取液合并，减压蒸发浓缩为原体积的 12%～15%，即得光果甘草根提取液。

所述金盏花提取液由以下方法制得：取金盏花，洗净后，烘干，研末，送入渗漉器中，用 12～15 倍质量的乙醇水溶液渗漉处理，获得渗漉液和渗漉残渣，向渗漉残渣中加入 5～6 倍质量的乙醇水溶液，浸泡 1～2h，加热回流提取 50～60min，获得回流提取液和回流提取残渣，将回流提取液与渗漉液合并，减压蒸发浓缩为原体积的 18%～22%，即得金盏花提取液。

所述乙醇水溶液的乙醇浓度为 70%～75%。

◀产品应用▶ 本品是一种含骨胶原的祛斑面膜液。

◀产品特性▶ 本品能够刺激皮肤细胞，增强皮肤自身的免疫保护功能，从而修护皮肤，减少皮肤皱纹产生，延缓皮肤衰老。通过减少皮肤色素沉积祛除色斑和雀斑，效果良好。

配方 12 含花青素和蜂花粉的面膜

◀原料配比▶

原　料	配比（质量份）			
	1#	2#	3#	4#
破壁玫瑰蜂花粉	15	45	30	30
玫瑰蜂蜜	10	30	20	20
花青素	10	20	15	15
珍珠粉	5	10	7.5	7.5
玫瑰精油	0.4	2	1.2	1.2
抗氧化剂	1	5	3	3
透明质酸	3	10	7	7
甘油	2	5	4	4
去离子水	30	90	60	60

◀制备方法▶

（1）将破壁玫瑰蜂花粉、玫瑰蜂蜜、花青素、珍珠粉、玫瑰精油、抗氧化剂、透明质酸、甘油和去离子水均放入紫外线消毒器中杀菌消毒 1～2h。

（2）将去离子水煮沸后冷却至室温。

（3）将破壁玫瑰蜂花粉、花青素和珍珠粉放入冷却后的去离子水中浸泡 2～3h，然后将玫瑰蜂蜜、玫瑰精油、抗氧化剂、透明质酸和甘油加入，水浴加热至 45℃，搅拌 40min 充分混合，制得混合物。

（4）将混合物投入胶体磨中研磨 2～3 次后，用高压均质机进行充分均质，均质压力为 20～30MPa，于 120 目过滤网过滤得到含花青素和蜂花粉的面膜液，备用。

（5）将面膜液的 pH 值调节为 5.8～6.5，然后进行灭菌、检验，检验合格后将面膜液均匀涂布在天然蚕丝面膜基布上。

（6）将浸涂好面膜液的天然蚕丝面膜基布对折，然后装入密封袋中。

◀原料介绍▶ 所述花青素为紫甘薯花青素。

所述抗氧化剂为维生素 A、维生素 C、维生素 E、超氧化物歧化酶（SOD）、辅酶 Q10 中的一种或多种。

◀产品应用▶ 本品是一种具有美白、延缓皮肤衰老，改善皮肤干燥、粗糙、肤色暗沉等功能的面膜。

◀产品特性▶ 本品以破壁蜂花粉和花青素为主要原料，再辅以珍珠粉和蜂蜜，不仅保留了普通面膜保湿、锁水、软化角质、收紧皮肤等功能，还具有美白、恢复皮肤弹性及光泽、延缓皮肤衰老、改善色斑等功能。能对皮肤起到很好的改善作用，同时也改善了现有面膜功能单一的问题。

配方 13　含茭头的养肤面膜粉

◀原料配比▶

原　　料	配比（质量份）
茭头微粉末	20
珍珠粉	3
海藻酸钠	10
木薯淀粉	3
高岭土	12
海黏土提取物	5

◀制备方法▶

（1）茭头微粉末的制取方法：将茭头表面净化，常规切片，在 −30℃ 下冷冻 30min，并在这种温度条件下粉碎成 200 目颗粒，在 0.2Pa 真空度下远红外升温至 20℃，低温干燥至水分小于 2%，将干燥后的微粉末过 200 目筛，过筛后通过辐照除菌。

（2）将步骤（1）所得的茭头微粉末和珍珠粉、海藻酸钠、木薯淀粉、高岭土、海黏土提取物等原料混合均匀，即可得面膜粉。

◀产品应用▶ 本品是一种温和无刺激、美白抗衰老的含茭头的养肤面膜粉。

◀产品特性▶ 本产品温和无刺激、美白抗衰老；pH 值与人体皮肤的 pH 值接近，对皮肤无刺激性；使用后明显感到舒适、柔软，无油腻感，具有明显的祛斑增白、使肌肤细嫩柔滑的效果。

配方 14　含六肽-11 的面膜精华液

<原料配比>

原　　料		配比（质量份）				
		1#	2#	3#	4#	5#
六肽-11		30	40	35	25	40
烟酰胺		25	15	35	30	12
透明质酸钠		4	5	6	3	3.5
增稠剂	卡波姆	2.5	—	—	—	—
	黄原胶	—	4	—	5	3
	丙烯酸钠/丙烯酰二甲基牛磺酸钠共聚物	—	—	2	—	—
防腐剂	羟苯甲酯	3	—	—	—	—
	羟苯丙酯	—	2	—	—	—
	氯苯甘醚	—	—	4	—	—
	辛酰羟肟酸	—	—	—	3.5	2.5
去离子水		加至100	加至100	加至100	加至100	加至100

<制备方法>

（1）将部分去离子水、六肽-11 和烟酰胺混合，升温至 40～55℃，搅拌均匀得第一混合溶液。

（2）将透明质酸钠加入上述第一混合溶液，搅拌至溶解均匀，得第二混合溶液。

（3）称取并向第二混合溶液中加入余下部分的水、增稠剂、防腐剂，溶解均匀，得含六肽-11 的面膜精华液。

<产品应用>　本品是一种面膜精华液。

<产品特性>　本品将六肽-11 和烟酰胺有效结合，具有能够深度供给肌肤营养，促进细胞再生及改善肌肤纹理，预防面部过敏，加速创伤修复，减少色素沉着和预防衰老的作用。

配方 15　含牡丹籽皮的面膜

<原料配比>

原　　料	配比（质量份）	
	1#	2#
混合物渣微粉	35	65
透明质酸钠	0.5	1
抗氧化物质	0.3	4
混合物浸出液	30	55
中药美白祛斑物质	1	5
橄榄油	10	10
植物精油	0.5	2
果胶	5	5

【制备方法】

(1) 收集牡丹籽皮，清洗，在网床上自然晾干，50～60℃下烘干，粉碎成粒度为 150～280 目颗粒，得到牡丹籽皮粉。

(2) 收集脱去油脂的牡丹籽粕，在 80～100℃下烘干，粉碎成粒度为 100～200 目颗粒，得到牡丹籽粕粉。

(3) 把牡丹籽皮粉和牡丹籽粕粉混合，牡丹籽粕粉的质量为牡丹籽皮粉质量的 0～50%，得到混合粉。

(4) 用混合粉总质量 5～6 倍的去离子水浸泡混合粉，浸泡 5～8h，搅拌 0.2～1h，超声 20～30min，再加入混合粉总质量的 3%～15% 的纤维素酶，充分搅拌。放入干馏反应釜内，加温后，釜内生成物沿反应釜上部管道进入冷凝器冷却，浸出得混合物浸出液；同时得到混合物渣。

(5) 将步骤 (4) 得到的混合物渣，在 80～100℃下烘干，粉碎成粒度为 0.1～10μm 颗粒，得到混合物渣微粉。

(6) 将混合物渣微粉、透明质酸钠、抗氧化物质、混合物浸出液加入到水相锅中，加入的质量份为：混合物渣微粉 35～65 份，透明质酸钠 0.5～1 份，抗氧化物质 0.3～4 份，混合物浸出液 30～55 份，加热至 75～80℃，搅拌溶解均匀，保温 10～15min。

(7) 温度降至 50℃时，中药加入美白祛斑物质、果胶、橄榄油、植物精油，加入的质量份为：中药美白祛斑物质 1～5 份，橄榄油 2～10 份，植物精油 0.5～2 份，果胶 5～30 份，搅拌均匀。

(8) 温度降至 30℃，出料真空灌装。

【原料介绍】

所述的混合物渣微粉是由牡丹籽皮粉和牡丹籽粕粉粉碎而成的。

所述的中药美白祛斑物质为牡丹花瓣提取物、白术、白芷、白及、白蔹、薏仁、白附子、珍珠粉、甘草提取物、桑树提取物中的一种或一种以上的组合。

所述的抗氧化物质为：维生素 C、维生素 C 酶解衍生物、维生素 E、β-胡萝卜素、茶多酚、中药抗氧化物质中的一种或一种以上的组合。

所述的抗氧化物质为红色苜蓿、附子、细辛、白屈菜、黄芩、甘草、淫羊藿、补骨脂、丁香、大黄、牡丹皮、芡实、山茱萸、马齿苋、八角茴香、鹅不食草、千里光、昆布、丁香、藿香、麦芽、百合、生姜、芝麻、绿茶、凤眼草、人参、玉竹、五味子、紫苏叶、黄芪、党参、枸杞子、白芍、麦冬、刺五加中的一种或一种以上的组合。

所述的植物精油为迷迭香精油、薰衣草精油、百里香精油、牡丹精油中的一种或一种以上的组合。

【产品应用】 本品是一种抗氧化性极强、抗辐射、清洁控油、保湿补水的含牡丹籽皮的面膜。

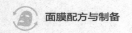

本产品将机械提取工艺和酶解技术提取工艺相结合，产品具有无重金属、无害、无毒、抗氧化性极强、防过敏、深层清洁皮肤、收细毛孔、平衡油脂分泌、保湿补水等特点，能增强皮肤弹性，强化皮肤天然防御能力。

配方16 含苜蓿蛋白发酵液的养颜面膜

《原料配比》

原 料	配比（质量份）		
	1#	2#	3#
羧甲基纤维素钠	10	10	10
去离子水	100	100	100
苜蓿叶蛋白液	6	8	7
山梨酸钾	2	2	2
珍珠粉	1	3	3
黄瓜汁	0.3	0.5	0.4
蜂蜜	2	3	3
戊二醛	2	2	2
甘油	0.2	0.4	0.3

《制备方法》

（1）取现蕾期的苜蓿叶清洗后，组织匀浆得到匀浆液。

（2）将匀浆液过滤，取清液发酵处理，向清液中接种乳酸杆菌液，使得每毫升清液中含 $10^7 \sim 10^9$ 个乳酸杆菌，密封置于 $30 \sim 39℃$ 条件下发酵 $8 \sim 10h$，得到发酵产物。

（3）将步骤（2）得到的发酵产物以 3000r/min 的转速持续离心 $8 \sim 12min$，取底部沉淀用 pH 值为 7.2、浓度为 0.1mol/L 的磷酸缓冲液溶解，即为苜蓿叶蛋白液。

（4）将羧甲基纤维素钠加入去离子水中，搅拌制成透明黏稠状物质。

（5）向苜蓿叶蛋白液中加入山梨酸钾、珍珠粉、黄瓜汁混合均匀得混合液Ⅰ。

（6）将混合液Ⅰ、蜂蜜、戊二醛、甘油依次加入到步骤（4）制备得到的透明黏稠状物质中，采用超声波辅助的方法混合均匀，得到面膜液。

（7）将面膜液 30mL 浸泡干的织布面膜片 1h，即得养颜面膜。

《产品应用》 本品是一种含苜蓿蛋白发酵液的养颜面膜。

《产品特性》

（1）本产品原料中使用的苜蓿叶蛋白对紫外线造成的皮肤损伤具有良好的修复作用，能大幅度提高角质层的代谢速度、修复受损细胞、减少皮肤皱纹和增加皮肤弹性。

（2）经过乳酸杆菌发酵的苜蓿叶蛋白液与皮肤有极好的吸附性和相容性，同时胶原水解物多肽链中含氨基、羟基等亲水基团，对人体皮肤具有保湿作用。

配方17　含生长因子的冻膜面膜

◀原料配比▶

原　　料		配比(质量份)	
		1#	2#
植物提取物	芍药根	—	15
	牡丹根	—	15
	茯苓	—	20
	合欢皮	—	20
	蔷薇花	—	30
蚕丝蛋白肽		1	2
水解大米蛋白		3	4
肌肽		1	2
β-葡聚糖		6	4
重组人角质细胞生长因子		0.0001	0.0001
重组人表皮细胞生长因子		0.0001	0.0001
四磷酸二鸟苷		0.25	0.5
尿囊素		1	1
海藻酸钠		37	43
泛醇三乙酸酯		6	6
植物提取物		—	6
乙基己基甘油		1	2
水		35	40

◀制备方法▶　按照原料组成及比例将蚕丝蛋白肽、水解大米蛋白、肌肽、重组人角质细胞生长因子、重组人表皮细胞生长因子、四磷酸二鸟苷、尿囊素、泛醇三乙酸酯、大分子保湿剂、成膜剂溶于水中，搅拌均匀，加入乙基己基甘油、植物提取物，均质后灌装即得。

◀原料介绍▶

所述的大分子保湿剂为大分子透明质酸钠、硫酸软骨素、胶原蛋白、β-葡聚糖中的至少一种。

所述的成膜剂为聚乙烯醇、羧甲基纤维素、海藻酸钠、聚乙烯吡咯烷酮中的至少一种。

所述的植物提取物的制备包括以下步骤：

(1) 分别称取芍药根、牡丹根、茯苓、合欢皮、蔷薇花，洗净，晾干，粉碎成粗粉，备用。

(2) 将芍药根、牡丹根、茯苓、合欢皮的粗粉混合，往上述的粗粉中通入密度为1.29kg/m³的空气，在常温条件下加压至3～9MPa，膨化处理3～6min，瞬间释放压力，然后将气体置换成密度为1.98kg/m³的二氧化碳，在常温条件下加压至4～12MPa，膨化处理3～6min，瞬间释放压力，得物料A。

(3) 将物料A与蔷薇花粗粉混合，按料液比为1:(20～50)的比例加入体积分数为 60％乙醇溶液，混合均匀后，置于压力交变发生器中，施加 3～20MPa 的交变压强，处理 20～40min，得植物提取物。

（4）往步骤（3）得到的植物提取物中加入适量的硅酸镁铝，通入常压正向电流处理时间为 15s，通入常压反向电流处理时间为 15s，反复处理共 4～8min；其中，电流的频率为 2000～4000Hz，电压为 1000～2000V。

（5）将经步骤（4）处理后的植物提取物过滤，合并滤液，减压干燥，即得。

‹产品应用› 本品是一种含生长因子的冻膜面膜。

‹产品特性›

（1）本产品以细胞生长因子作为活性成分，添加了多种植物提取物，较单一抗衰老成分而言，具有较佳的滋润补水、抗衰防皱、美白祛斑、防敏修复功效，且性质温和，安全有效，改善肤质效果显著。

（2）本产品通过特定工艺制备得到的植物提取物有效成分含量高，鞣酸、重金属含量低，与细胞生长因子类多肽或蛋白质成分复配，相容性佳，性质稳定。制得的冻膜面膜吸收良好，长期使用仍能保持较佳的护肤效果，不会出现黑头、粉刺等现象。

配方 18 含肽修护面膜

‹原料配比›

原　　料		配比(质量份)
丁二醇		2.5
甘油		1.5
聚谷氨酸		0.05
甘氨酸		0.05
烟酰胺		0.05
木瓜蛋白酶		0.01
角蛋白		0.5
苯氧乙醇		0.2
库拉索芦荟叶汁		0.1
番茄红素		0.05
黄原胶		0.1
透明质酸		0.01
羟乙基纤维素		0.02
植物提取物		2.0
多肽物		0.05
水		加至100
植物提取物	欧蒲公英根提取物	20
	紫花地丁提取物	10
	芦荟提取物	30
	北美金缕梅提取物	25
	玫瑰花提取物	15

《制备方法》 将各组分原料混合均匀即可。

《原料介绍》

所述多肽物包括大豆多肽、三肽-3以及四肽-4。

所述多肽物中的各成分按质量计所占百分比为大豆多肽60％～80％、三肽-3 10％～30％以及四肽-4 5％～15％。

《产品应用》 本品是一种对皮肤修护效果好的含肽修护面膜。

《产品特性》 本产品通过采用现代生物技术，萃取多种植物精华制成植物萃取物，能够更容易被肌肤渗透吸收。本品能淡化细纹，有效缓解修护敏感肌肤，充分保持肌肤水分，增强肌肤弹性，使肌肤更显年轻和健康。

配方19　含羊乳脂的护肤面膜

《原料配比》

原　　料	配比（质量份）
聚乙烯醇	6
羧甲基纤维素钠	2
海藻酸钠	0.7
羊乳脂	1.5
维生素E	3
甘油	2
单硬脂酸甘油酯	2
无水乙醇	3
绿茶提取液	7
去离子水	加至100

《制备方法》

（1）将聚乙烯醇用无水乙醇润湿了以后，加适量去离子水，在80℃水浴上加热，不断搅拌使成稠厚膏体。

（2）将羧甲基纤维素钠、海藻酸钠加适量去离子水，在80℃水浴上加热，不断搅拌使成稠厚膏体。

（3）将羊乳脂用适量乙醇溶解成近饱和溶液，然后加入维生素E、甘油、单硬脂酸甘油酯、绿茶提取液混匀成液体。

（4）将步骤（1）和步骤（2）所得的膏体混合、搅拌均匀，然后加入步骤（3）所得液体和适量去离子水，在高速搅拌机上，继续搅拌成均匀膏体后灌装即得成品。

《产品应用》 本品是一种促进细胞新陈代谢、祛皱抗衰老的含羊乳脂的护肤面膜。

《产品特性》 本产品促进细胞新陈代谢、祛皱抗衰老；pH值与人体皮肤的pH值接近，对皮肤无刺激性；使用后明显感到舒适、柔软，无油腻感，具有明显的修复嫩白、莹润养颜的效果。

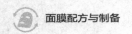

配方20　含骨胶原的抗皱面膜液

《原料配比》

原　料	配比（质量份）				
	1#	2#	3#	4#	5#
白鲜皮提取液	6	7	8	9	10
睡莲花提取液	12	13	13	14	15
三乙醇胺	1	1.7	1.5	1.3	2
柠檬酸钠	0.2	0.4	0.3	0.3	0.5
骨胶原	3	4	5	5	6
卵磷脂	1	1.2	1.6	1.8	2
糖醛酸	0.1	0.15	0.2	0.25	0.3
水解珍珠液	2	2.6	2.5	2.4	3
脲基乙酸内酰胺	0.5	0.7	0.7	0.6	0.8
阿甘油	5	7	6.5	6	8
黄原胶	3	3.3	3.5	3.7	4
去离子水	110	117	115	112	120

《制备方法》

（1）取总量一半的去离子水，放入乳化锅中，升温至40～45℃，加入白鲜皮提取液、睡莲花提取液、卵磷脂和阿甘油，均质处理10～15min后，出料，获得混合物A。

（2）将混合物A送入超声波处理器中，超声处理40～50min，出料，获得混合物B。

（3）取剩余的去离子水，放入乳化锅中，升温至90～95℃，加入三乙醇胺和水解珍珠液，均质处理3～5min后，获得混合物C。

（4）将乳化锅的温度降低至58～62℃，加入柠檬酸钠、骨胶原和脲基乙酸内酰胺，均质处理7～10min，获得混合物D。

（5）将乳化锅降温至室温，加入糖醛酸、黄原胶和混合物B，均质处理20～30min，出料，获得混合物E。

（6）对混合物E进行理化性质检测，合格后，即可。

《原料介绍》

所述白鲜皮提取液由以下方法制得：取白鲜皮，洗净后，烘干，研末，送入渗滤器中，用乙醇溶液渗滤处理，获得渗滤液和渗滤残渣，向渗滤残渣中加入4～5倍质量的水，浸泡2～3h，超声波处理50～60min，获得超声波提取液和超声波提取残渣，将超声波提取液与渗滤液合并，减压蒸发浓缩为原体积的30％～40％，即得白鲜皮提取液。所述乙醇溶液的用量为白鲜皮总质量的6～8倍。所述乙醇溶液的乙醇浓度为75％～80％。

所述睡莲花提取液由以下方法制得：取睡莲花，洗净后，烘干，研末，加入5～6倍质量的乙醇溶液，加热回流提取50～60min，获得回流提取液和回流提取残渣，向回流提取残渣中加入2～3倍质量的乙醇溶液，浸泡2～3h，超声波处理40～50min，获得超声波提取液和超声波提取残渣，将超声波提取液与回流提取液合并，减压蒸发浓缩为原体积的20%～25%，即得睡莲花提取液。所述乙醇溶液的乙醇浓度为60%～65%。

◆产品应用▶ 本品是一种含骨胶原的抗皱面膜液。

◆产品特性▶ 本产品能够滋润面部皮肤，增强面部皮肤的弹性，改善皮肤的粗糙状况，使皮肤细腻，达到对面部皮肤抗皱除皱的作用，效果显著。

配方21 含骨胶原的美白面膜液

◆原料配比▶

原 料	配比(质量份)				
	1#	2#	3#	4#	5#
吡啶-3-甲酰胺	4	5	6	7	8
熊果苷	9	10	11	11	12
骨胶原	2	2.5	3	3.5	4
马齿苋提取液	15	18	17	16	19
菟丝子提取液	7	10	9	8	11
黄原胶	0.5	0.8	0.7	0.6	0.9
烟酰胺	2	3	3.5	4	5
甘油	1.2	1.4	1.5	1.6	1.8
甘草酸二钾	2.1	2.2	2.3	2.5	2.6
氢化卵磷脂	1	1.7	1.5	1.3	2
氨丁三醇	0.3	0.6	0.5	0.4	0.7
三乙醇胺	5	7	6	6	8
去离子水	95	96	97	98	100

◆制备方法▶

(1) 称取吡啶-3-甲酰胺、马齿苋提取液和烟酰胺，合并后，投入搅拌机中，搅拌混合40～50min，出料，获得第一混合物。

(2) 称取菟丝子提取液、熊果苷和甘草酸二钾，合并后，投入搅拌机中，搅拌混合50～60min，出料，获得第二混合物。

(3) 将第一混合物和第二混合物合并，并加入氨丁三醇和三乙醇胺，一起投入磁力搅拌机中，在50～60℃下磁力搅拌45～50min，获得第三混合物。

(4) 称取去离子水、黄原胶和氢化卵磷脂，投入乳化锅中，在75～80℃下均质处理10～15min，获得混合物A。

(5) 将乳化锅温度降温至55～60℃，加入骨胶原、甘油和第三混合物，继续均质处理30～35min，出料，获得混合物B。

(6) 对混合物B进行性质检测，合格后，即可。

◆原料介绍▶

所述马齿苋提取液由以下方法制得：取马齿苋，洗净，烘干，研末，加入10～

12 倍质量的水，浸泡 2～3h，煎煮 1～2h，获得一次煎煮液和一次煎煮残渣，向一次煎煮残渣中加入 6～8 倍质量的水，浸泡 1～2h，煎煮 0.5h，获得二次煎煮液和二次煎煮残渣，将一次煎煮液和二次煎煮液合并，过滤，减压蒸发浓缩为原体积的 15％～20％，获得马齿苋提取液。

所述菟丝子提取液由以下方法制得：取菟丝子，清洗，烘干，在 160～180℃下烘焙处理 30～40min，研磨，然后加入 7～8 倍质量的水，浸泡 2～3h，煎煮 1～2h，获得煎煮液和煎煮残渣，向煎煮残渣中加入 4～5 倍质量的水，超声波处理 50～60min，过滤，获得超声波提取液和超声波提取残渣，将煎煮液和超声波提取液合并，减压蒸发浓缩为原体积的 25％～30％，获得菟丝子提取液。

◀产品应用▶ 本品是一种含骨胶原的美白面膜液。

◀产品特性▶ 本产品具有优异的美白效果，且不刺激皮肤，能够有效抑制黑色素沉积，长期使用能够淡化黑色素，起到明显的增白效果。

配方 22　含桧木芬多精的面膜

◀原料配比▶

原　　料	配比（质量份）	
	1#	2#
桧木芬多精	70	91
丁二醇	5	7
胶原蛋白	3	5
茶树精油	1	3
汉生胶	0.2	0.4
羟基化卵磷脂	0.2	0.4
油醇聚醚-20	0.1	0.3
羟苯甲酯	0.1	0.3
尿囊素	0.1	0.3
EDTA-2Na	0.1	0.3
透明质酸钠	0.01	0.04
全脂牛奶	5	7
去离子水	加至 100	加至 100

◀制备方法▶

（1）将桧木芬多精、丁二醇、胶原蛋白、汉生胶、羟苯甲酯、尿囊素、EDTA-2Na 分别按上述的质量配比投入料锅，不断搅拌均匀，加热至 80～85℃，保温 9～10min。

（2）先配制好透明质酸钠水溶液，再将该水溶液和羟基化卵磷脂一同投入上述的料锅中，不断搅拌，保持 80～85℃，保温 9～12min；将混合液冷却至 45～46℃，再将茶树精油、油醇聚醚-20、全脂牛奶投入料锅，不断搅拌均匀，再保温 9～10min。

（3）搅拌 0.5h 后逐渐冷却至室温；取样进行性质检测（外观、香味、pH 值），合格后即为成品。

〈产品应用〉 本品是一种含有桧木芬多精的面膜。

〈产品特性〉

（1）本品配方中加入皮肤美容方面常用的成分全脂牛奶，使面部感觉舒适紧致、神采奕奕，暗疮、粉刺等被抑制和消除，皱纹变浅，皮肤变得白皙细腻，且无刺激、过敏现象。

（2）本产品含有特殊天然成分桧木芬多精，除了清洁和保养肌肤外，还有非常好的抑菌，除螨，消除暗疮、粉刺，皙白和紧致皮肤的功效。

（3）本产品大部分成分为植物纯天然产物，对皮肤无刺激作用。

（4）本产品具有一定的缓解精神紧张、消除疲劳感的效果。

配方 23　含牡丹精油的面膜

〈原料配比〉

原　料		配比（质量份）			
		1#	2#	3#	4#
甘油		12	13	11	14
透明质酸		10	9	11	8
维生素 E		1.4	1.6	1.2	1.8
橘子精油		6.2	7.8	5.4	7.1
红景天精油		2.2	3.3	2.7	3.6
葡萄籽精油		6.9	7.6	8.8	6.3
水		23	21	22	24
牡丹精油		8.1	8.9	7.3	9.7
高吸水性树脂	玉米淀粉	13	12	14	15
	丙烯酸	67	68	66	69
	玉米秸秆粉	6.8	7.7	5.2	6.1
	过硫酸钾	0.62	0.53	0.57	0.68
	N,N-亚甲基双丙烯酰胺	0.074	0.066	0.078	0.062
	27%的氢氧化钠溶液	86	—	—	—
	26%的氢氧化钠溶液	—	91	—	—
	29%的氢氧化钠溶液	—	—	88	—
	28%的氢氧化钠溶液	—	—	—	93
	水	15.8	16.2	15.3	16.7

〈制备方法〉

（1）将新鲜牡丹花瓣和水混合，经过粉碎、超声波处理后，离心分离得到牡丹花汁。

（2）在（1）中得到的牡丹花汁中加入高吸水性树脂，搅拌 10～20min 后，静置 20～30min，得到凝胶状牡丹提取物。

（3）对（2）中得到的凝胶状牡丹提取物进行超临界二氧化碳萃取，得到牡丹精油。

（4）以质量份计，称取 10～15 份甘油、8～12 份透明质酸、1～2 份维生素 E、5～8 份橘子精油、2～4 份红景天精油、6～9 份葡萄籽精油、20～25 份水、7～10 份（3）中制得的牡丹精油，备用。

（5）将（4）中称取的甘油、透明质酸、水混合，在 70～80℃搅拌均匀，得到水相液。

（6）将（4）中称取的维生素 E、橘子精油、红景天精油、葡萄籽精油、牡丹精油混合，在 70～80℃搅拌均匀，得到油相液。

（7）将（6）中得到的油相液加入到（5）中得到的水相液中，均质 15～20min，得到面膜基液，将蚕丝面膜布浸入面膜基液中 20～30min，取出得到含有牡丹精油的面膜。

《原料介绍》 所述的高吸水性树脂的制备方法包括以下步骤：

（1）将玉米淀粉加入到 70～80℃水中，恒温搅拌 40～50min，得到糊化的淀粉溶液 A。

（2）将丙烯酸加入到氢氧化钠溶液中，搅拌 20～30min，再加入玉米秸秆粉、过硫酸钾、N,N-亚甲基双丙烯酰胺，搅拌均匀，得到混合溶液 B。

（3）将步骤（1）中得到的淀粉溶液 A 和步骤（2）中得到的混合溶液 B 混合均匀，放入微波反应器中微波处理 3～5min，微波功率为 250～300W，干燥、粉碎得到用于制备牡丹精油的高吸水性树脂。

《产品应用》 本品是一种具有嫩白、抗皱、防老化、淡化色斑、增强肌肤弹性等作用的面膜。

《产品特性》 本产品使用的牡丹精油是以新鲜牡丹花瓣为原料，将新鲜牡丹花瓣破碎、超声波破壁，使牡丹花中的精油成分从细胞中释放出来。用高吸水性树脂吸收牡丹花汁后进行超临界二氧化碳萃取，高吸水性树脂具有很强的吸收性和保水性，受到外部压力几乎不丢失水分。高吸水性树脂对水分子和精油成分的结合能力不同，二氧化碳通过吸收了牡丹花汁的高吸水性树脂时，把其中的可挥发性油性成分带走，水分和杂质则留在高吸水性树脂内，实现油水分离，从分离釜中直接可以回收到纯净的精油。高吸水性树脂可以反复吸水，重复利用，降低生产成本。在超临界二氧化碳萃取时以环己烷为夹带剂，可以提高萃取的效率。该种提取牡丹精油的方法可以最大限度地提取牡丹花中的精油成分，精油纯度高、无杂质、无萃取剂残留、易吸收，是一种高效、快速的从牡丹花中提取牡丹精油的方法。

配方 24　含石斛的中药面膜

《原料配比》

原　　料		配比（质量份）						
		1#	2#	3#	4#	5#	6#	7#
面膜液	水	100	100	100	100	100	100	100
	甘油	10	10	10	10	10	10	10
	1,2-丁二醇	5	5	5	5	5	5	5
	十二烷基葡糖苷	5	5	5	5	5	5	5
	透明质酸钠	0.4	0.4	0.4	0.4	0.4	0.4	0.4
	中药组合物	3	3	3	3	3	3	3
	防晒剂	2.1	2.1	2.1	2.1	2.1	2.1	2.1
	生物防腐剂	0.06	0.06	0.06	0.06	0.06	0.06	0.06

续表

原　料		配比（质量份）						
		1#	2#	3#	4#	5#	6#	7#
中药组合物	石斛提取物	40	40	40	40	40	40	40
	人参提取物	30	30	30	30	30	30	30
	小球藻提取物	30	30	30	30	30	30	30
防晒剂	芦荟苷	1	1	1	1	—	1	1
	虎杖苷	1	1	1	1	1	—	1
	木犀草苷	1	1	1	1	1	1	—
生物防腐剂	二氢槲皮素	1	—	1	1	1	1	1
	香叶木素	1	1	—	1	1	1	1
	橙皮素	1	1	1	—	1	1	1
水刺无纺布		1	1	1	1	1	1	1
面膜液		25(体积)	25(体积)	25(体积)	25(体积)	25(体积)	25(体积)	25(体积)

◀制备方法▶　将水刺无纺布浸泡在面膜液中制得。

◀原料介绍▶

所述石斛提取物，可以通过市售或制备得到，其中一种具体的制备方法为：取新鲜的石斛洗净，粉碎；用90%～97%的食用酒精浸泡20～28h；将浸泡液回流提取1～3次，每次1～3h，得提取液；将所得的提取液回收酒精后，再浓缩、干燥，即得成品。

所述人参提取物，可以通过市售或制备得到，其中一种具体的制备方法为：取新鲜的人参根或根须洗净，切片；用90%～97%的食用酒精浸泡20～28h；将浸泡液回流提取1～3次，每次1～3h，得提取液；将所得的提取液回收酒精后，再进行浓缩、干燥，即得成品。

所述小球藻提取物，可以通过市售或制备得到，其中一种具体的制备方法为：将小球藻（蛋白核小球藻）藻体10g放入100mL 1,2-丁二醇中，搅拌加热，100℃加热2h，除去不溶物，将液体进行浓缩后得到冻干粉。

◀产品应用▶　本品是一种含石斛的中药面膜。

使用方法为：使用面膜前，先深入清洁面部，再将面膜覆于面部，使面膜紧贴肌肤，15～25min后，面膜活性物质被皮肤吸收，摘下面膜，无需水洗；初次使用时，连用3天，每天1片，效果更佳，后续建议每周使用2～4次为佳；炎热天气，将面膜袋放入冰箱中冷藏后使用，会感觉更舒适，更美妙；寒冷天气，在45℃的温热水中浸泡5min使用，使面膜温度比体温稍高，用起来更舒服，而且温热的面膜更利于皮肤吸收；在沐浴后，或者用热毛巾敷面10min后使用，面部毛孔充分张开，更加有利于面膜中营养成分的吸收。

◀产品特性▶　本产品能够有效抑制多余油脂，平衡肌肤油水，控油的同时还具有补水效果，持久保湿滋润，软化皮肤；具有良好的抗衰老和紧致肌肤等功效，增强肌肤弹性，深层修复肌肤，让肌肤充满活力。

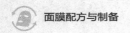

配方 25　含铁皮石斛有效成分的面膜

《原料配比》

原　　料	配比（质量份）
石斛提取液	5.0
甘油	6.0
二丙二醇	2.2
表面活性剂	3.0
甜菜碱	1.0
戊二醇	5.0
透明质酸钠	2.0
芳香剂	0.1
去离子水	加至 100

《制备方法》　将各组分原料混合均匀即可。

《原料介绍》

所述石斛提取液通过以下步骤获得：

（1）研磨，将铁皮石斛鲜品，取三年生枝，加入研磨机中研碎，取汁；鲜品中包含充足汁液，具有高浓度黏液质，三年生枝枝干较粗，出汁效率高。

（2）过滤，将（1）所得汁液在 3000 目滤网上过滤，留下纯净汁液；目的是将固体物质分离。

（3）萃取，在纯净汁液中加入体积比例为 3～5 倍的去离子水，并置入均质机中，得到石斛提取粗液；采用去离子水作为溶剂，对皮肤的刺激小，并且黏液质的主要成分都可溶于水，方便后期加工。

（4）二次过滤，将石斛提取粗液通过反渗透膜，脱离 50% 的水，其余为石斛提取液。反渗透膜能将纯净的水分离出来，脱离出的水为去离子水，可以再次利用，石斛提取液作为营养剂成品备用。

所述面膜基质为多层复合材料，两侧贴近皮肤表面均为蚕丝面膜纸，其中间为木纤维纸或棉制纤维纸，两侧的蚕丝面膜纸将木纤维纸或棉制纤维纸夹在中间，并且三层拼合为一张面膜纸。

所述木纤维纸为木质纤维质地无纺布/纸，厚度为 0.10～0.30mm。采用无纺布工艺制成，吸水效果好，成本可控。

所述棉质纤维纸为棉质地无纺布/纸，厚度为 0.15～0.25mm。采用无纺布工艺制成，吸水效果好，成本可控。

《产品应用》　本品是一种含铁皮石斛有效成分的面膜。

《产品特性》　蚕丝面膜纸的亲肤效果好，并且表面光滑，但是其吸水性较弱，而铁皮石斛提取液中包含很多高分子物质；蚕丝面膜纸不能吸入足够的有效成分，而吸水性较好的木纤维纸或棉制纤维纸可以提高吸水性，提高有效成分的吸入效果。

配方 26　含莴笋素的面膜

《原料配比》

原　料	配比(质量份)				
	1#	2#	3#	4#	5#
莴笋素	1	5	3	2	4
酵母提取物	1	3	2	1.5	2.5
甘油	1	5	3	2	4
透明质酸	0.05	0.1	0.08	0.07	0.09
羟苯甲酯	0.08	0.12	0.1	0.09	0.11
去离子水	加至100	加至100	加至100	加至100	加至100

《制备方法》　将各组分原料混合均匀即可。

《原料介绍》　所述莴笋素的制备方法，包括以下步骤：

（1）把莴笋叶压滤，渣液分离。

（2）滤液用石油醚萃取，分离油相和水相。

（3）油相在 25～35℃下减压蒸去石油醚，得到莴笋素白色结晶。

《产品应用》　本品是一种含莴笋素的面膜。

《产品特性》

（1）安全无刺激，对皮肤有补水保湿的功效，尤其对敏感皮肤有镇痛的功效。

（2）本产品采用的功效成分主要为莴笋素，莴笋作为一种蔬菜，营养价值高，将其提取物大胆运用到化妆品中获得了良好的效果，经实验证明，尤其是和酵母提取物一起添加至面膜配方中，具有协同作用，有良好的保湿补水和镇痛的功效。

配方 27　含蜗牛黏液与玻尿酸的修复祛皱面膜液

《原料配比》

原　料	配比(质量份)
丝肽粉	0.2
芦荟提取液	10
L-谷氨酸	0.5
浓度为1%小分子量透明质酸溶液	10
维生素 B$_3$	0.5
维生素 E	0.5
浓度为5%蜗牛黏液提取物溶液	20
增稠剂	5
丝瓜提取液	7
去离子水	40

◀制备方法▶

(1) 将去离子水加热至 45℃，加入量取好的除增稠剂外的各种原料，在 800r/min 下均匀搅拌 20h，得到溶液 A。

(2) 将准备好的增稠剂平均分成四份加入到溶液 A 中搅拌，每小时加 1 份，在 1000r/min 下剧烈搅拌 24h，冷却至室温，得到成品溶液。

(3) 灌装。

◀产品应用▶ 本品是一种含蜗牛黏液与玻尿酸的修复祛皱面膜液。

◀产品特性▶

(1) 本产品不含重金属、防腐剂，所用原料均为天然成分经人工提取得到，人体可吸收，具有修复祛皱的功效。

(2) 本产品制备工艺路线简单方便，生产效率高。

配方 28 含藓磺酸钠的面膜

◀原料配比▶

原　　料	配比(质量份)
玫瑰精油	2
月见草油	3
葡萄籽油	1
甘油	3
丙二醇	3
藓磺酸钠	0.03
维生素 E	1
氨基酸	0.3
羟甲基纤维素	0.05
透明质酸	0.5
去离子水	加至 100

◀制备方法▶

(1) 将玫瑰精油、月见草油、葡萄籽油、甘油和丙二醇等原料置于容器中，混合搅拌并加热至 70～80℃。

(2) 将藓磺酸钠、维生素 E、氨基酸、羟甲基纤维素、透明质酸溶于去离子水中，混合搅拌并升温至 50～60℃。

(3) 将步骤 (1) 物料缓缓加入步骤 (2) 物料中，边加入边搅拌，混合均匀即可得本品，静置至室温即可灌装。

◀产品应用▶ 本品是一种抗炎抗过敏、美白美容的含藓磺酸钠的面膜。

◀产品特性▶ 本产品抗炎抗过敏、美白美容；pH 值与人体皮肤的 pH 值接近，对皮肤无刺激性；使用后明显感到舒适、柔软，无油腻感，具有明显的滋润护肤、抗敏美容的效果。

配方 29 含植醋精粹液的消痘面膜

◀原料配比▶

原　料	配比(质量份)					
	1#	2#	3#	4#	5#	6#
植醋精粹液	20	30	40	15	25	35
聚乙烯醇	4	6	8	—	—	—
甲基纤维素	—	—	—	16	26	36
淀粉	—	—	—	8	12	16
1,3-丁二醇	4	8	12	—	—	—
甘油	5	10	15	4	6	8
柠檬酸	2	3	4	—	—	—
辛酸/癸酸甘油三酯(GTCC)	—	—	—	2	4	6
胡萝卜素	2	3	4	—	—	—
丙二醇	3	4	5	—	—	—
海藻糖	1	3	6	1	3	6
香精	适量	适量	适量	适量	适量	适量
去离子水	适量	适量	适量	适量	适量	适量

◀制备方法▶

　　面膜为无纺棉片状，制备方法如下：将植醋精粹液、聚乙烯醇、1,3-丁二醇、甘油、柠檬酸、胡萝卜素、丙二醇、海藻糖、香精、去离子水在室温下搅拌均匀，均质5～10min，将所得的面膜液均匀滴加至无纺布上，密封包装，即得无纺棉片状消痘面膜产品。

　　面膜为清洗式膏状，制备方法如下：将植醋精粹液、甲基纤维素、淀粉、甘油、辛酸/癸酸甘油三酯（GTCC）、海藻糖、去离子水混合，加热至40～60℃，搅拌均匀，均质乳化10～15min，冷却至室温，加入适量香精，均质5～10min，即得清洗式膏状消痘面膜产品。

◀产品应用▶　本品是一种消痘面膜。

◀产品特性▶　本品主要成分为天然植物素材植醋精粹液，来源广泛，价廉易得，且面膜制品制作工艺简单、使用方便、质量稳定。同时，本品利用植醋精粹液的天然杀菌、抑菌作用，消炎祛痘效果明显，能有效改善肌肤，适合各种肤质，尤其是痘痘肌肤。

配方 30 活性肽面膜

◀原料配比▶

原　料	配比(质量份)			
	1#	2#	3#	4#
北美金缕梅提取物	0.1	0.4	1	0.8
丁二醇	5	20	35	50
甘油	30	15	10	5

原　料	配比（质量份）			
	1#	2#	3#	4#
β-葡聚糖	6	8	7	6
甘油聚丙烯酸酯	1	0.5	0.1	0.5
对羟基苯乙酮	0.5	2	1	1
1,2-己二醇	6	10	15	7.5
透明质酸	8	10	6	7
肌肽	0.5	0.1	1	0.6
甘草酸二钾	3	0.5	5	2.5
聚谷氨酸	5	8	6	7
三肽-1 铜	0.1	0.5	1	0.7
谷胱甘肽	1	0.5	0.75	0.6
寡肽-1	0.05	1	0.5	0.1
水解胎盘（羊）提取物	0.3	0.1	0.6	1
水解胶原	1	2	0.1	0.5
抗坏血酸多肽	0.1	1	0.5	2
玫瑰花油	0.5	0.1	1	0.5
水	加至 1000	加至 1000	加至 1000	加至 1000

◀制备方法▶　先将水、丁二醇、甘油、β-葡聚糖、甘油聚丙烯酸酯、透明质酸、肌肽、甘草酸二钾、聚谷氨酸投入乳化锅，加热搅拌至 80～85℃，保温 20min 灭菌，然后开冷却水降温。当温度在 70℃左右时加入对羟基苯乙酮、1,2-己二醇原料。当温度降至 45℃时，加入北美金缕梅提取物、三肽-1 铜、谷胱甘肽、寡肽-1、水解胎盘（羊）提取物、水解胶原、抗坏血酸多肽、玫瑰花油，并继续搅拌降温。当乳化锅温度降至 38℃时，出料，灌装，包装。

◀产品应用▶　本品是一种活性肽面膜。

◀产品特性▶

（1）本产品能有效减缓由于人体衰老而引起的皮肤松弛和面部皱纹。

（2）本产品能有效地补充皮肤所缺失的水分，并能够很好地锁住水分使皮肤水嫩光滑，散发皮肤自然健康的神采。

（3）本产品能有效地对坏死的肌肤进行修复、再生。

（4）本产品能有效地祛除色斑，祛除黯黄，恢复肌肤红润。

配方 31　霍山石斛面膜

◀原料配比▶

原　料	配比（质量份）		
	1#	2#	3#
霍山石斛	65	75	80
铁皮石斛	20	30	35
土豆	20	38	40
芦荟	8	12	12
丝瓜	12	18	15

续表

原　料	配比（质量份）		
	1#	2#	3#
黄瓜	12	12	12
金银花	12	15	17
白芷	20	26	22
皂角	7	6	8
柠檬	12	15	15
薏米	7	12	7

◀制备方法▶ 按相应质量份选取新鲜的霍山石斛、铁皮石斛、土豆、芦荟、丝瓜、黄瓜、金银花、白芷、皂角和柠檬，置于榨汁机内，添加2~3倍温水，浸泡5~8min后，榨汁过滤，得滤液；称取相应质量份的薏米，粉碎过200目标准筛，得薏米粉；将薏米粉加入滤液中，混合搅拌均匀，加热浓缩成膏状，然后经紫外线灭菌，装罐即可。

◀产品应用▶ 本品主要用于加速黑色素分解，祛除脸上色斑和青春痘，美容养颜等。

◀产品特性▶ 本品无刺激，无毒副作用，制备方法简单，原料采用天然植物且易得，各原料的有效成分协同作用，能够促进皮肤组织细胞的新陈代谢，促进血液循环，有效祛除脸上的痘痘和色斑，达到美白皮肤的功效。本品较温和，能够深入肌肤细胞，补充细胞所需营养成分，长期使用，可以从根本上改善肤质。

配方 32　抗痘消炎面膜

◀原料配比▶

原　料	配比（质量份）		
	1#	2#	3#
芦荟提取物	8	10	13
茶树精油	10	13	15
金银花提取物	6	7	8
菊花提取物	7	7.6	8
金缕梅提取物	2	3	4
透明质酸	5	7	9
樱桃提取物	6	7	8
红石榴精油	7	9	12
柚子精油	2	3	4
黄瓜汁	12	14	16
柠檬汁	5	6	7
玻尿酸	3	5	7
海藻提取物	12	13	14
去离子水	20	23	26

◀制备方法▶ 将各组分原料混合均匀即可。

◀产品应用▶ 本品是一种抗痘消炎面膜。

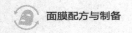

◀产品特性▶　本品抗痘除痘，消炎消肿，杀菌抗菌，同时又能够淡化痘痘产生的痘疤痘印，改善面部肤色。

配方 33　矿物泥面膜

◀原料配比▶

原料		配比（质量份）					
		1#	2#	3#	4#	5#	6#
矿物泥	硅石	5	—	—	3	—	5
	高岭土	2	2	—	—	3	5
	蒙脱土	—	4	6	6	—	5
	膨润土	3	—	6	6	—	5
	沸石	—	2	—	—	2	5
保湿剂	1,3-丙二醇	4	—	—	4	—	3
	1,2-戊二醇	—	—	—	—	4	3
	丁二醇	—	3	—	—	—	3
	甘油	—	—	5	2	6	3
	二丙二醇	—	—	—	2	—	—
增稠剂	黄原胶	0.1	0.1	0.1	0.2	0.4	0.6
	聚丙烯酸酯交联聚合物-6	0.2	—	—	—	—	—
	丙烯酰二甲基牛磺酸铵/VP共聚物	—	0.1	—	—	0.4	—
	丙烯酸羟乙酯/丙烯酰二甲基牛磺酸钠共聚物	—	—	—	—	—	0.4
	阿拉伯树胶	—	—	—	0.3	—	—
植物纯露	薰衣草纯露	20.2	—	—	25	—	59
	矢车菊纯露	20	—	41.9	—	30	—
	白花春黄菊纯露	15	44	—	25.1	25	—
	迷迭香纯露	15	44	—	25.2	—	—
	辣薄荷叶纯露	15	—	40	—	27.7	—
防腐剂	对羟基苯乙酮	0.3	0.3	0.5	0.6	0.8	—
	苯氧乙醇	0.2	0.2	0.5	0.6	0.7	—

◀制备方法▶

（1）将矿物泥混合研磨，过 800～1000 目筛，并将防腐剂加入保湿剂加热溶解。

（2）将矿物泥和增稠剂加入植物纯露中，搅拌至分散均匀。

（3）加入防腐剂和保湿剂，搅拌均匀，过 100～200 目筛，即制得所述面膜。

◀产品应用▶　本品是一种具有清洁控油功效的矿物泥面膜。

◀产品特性▶

（1）本产品采用具有强吸附性的天然矿物泥和具有肌肤调理作用的天然植物纯露为主要成分，以深层清洁、疏通毛孔为主，以补水保湿、舒缓调理和抗菌消炎为辅，两种成分协同增效，在去除肌肤多余油脂、清洁毛孔的同时达到补水舒缓、杀菌收敛的效果。

（2）本产品清爽舒适，对皮肤油脂具有显著的清除效果，功效可达 4h 以上，并且对处于非炎症性皮损的白头粉刺和黑头粉刺均具有明显的抑制和清除效果。

配方 34　免洗面膜

◀原料配比▶

原　料		配比（质量份）		
		1#	2#	3#
中药添加剂	土茯苓	6	8	7
	生地	2	3	2.5
	玄参	5	7	6
	天冬	3	5	4
中药添加剂		10	15	12.5
辅助添加剂		3	5	4
载体		1	2	1.5
保湿剂		2	4	3
增韧剂		0.2	0.5	0.35
丙二醇		1	3	2
烟酰胺		1	2	1.5
吐温-80		0.6	1	0.8
去离子水		70	80	75

◀制备方法▶

(1) 取条斑紫菜按质量比 1∶10 加入去离子水，浸提，匀浆，过滤得滤渣 A 和滤液 A，取酿酒后葡萄皮渣按质量比 1∶5 加入去离子水，浸提，匀浆，过滤得滤渣 B 和滤液 B，取滤渣 A、滤渣 B 按质量比 1∶2∶6 加入质量分数为 70% 的乙醇溶液混合，于 50～60℃ 保持 3～5h，过滤，得滤液 C。将滤液 A、滤液 B、滤液 C 按质量比 2∶2∶1 搅拌混合，得混合液，挑取乙酸杆菌按 8% 的接种量接种至混合液中，于 30～32℃ 发酵 3～7 天，得发酵液。

(2) 按质量份计，取 6～8 份土茯苓、2～3 份生地、5～7 份玄参、3～5 份天冬混合，得混合中药基体，取混合中药基体按质量比 5∶3 加入发酵液中，于 25～30℃ 浸泡 4～5h，再加入混合中药基体质量 70%～80% 的质量分数为 65% 的乙醇溶液浸提，取浸提液旋转蒸发，减压浓缩，得中药添加剂，备用。

(3) 取虫草干粉和去离子水按质量比 1∶10 混合浸泡 1～2h，升温至 55～60℃，加入虫草干粉质量 1% 的木瓜蛋白酶，酶解 2～3h，于 100℃ 灭酶 20min，冷却至室温，过滤，取滤液过色谱柱，超滤，得辅助添加剂。

(4) 按质量份计，取 10～15 份步骤 (2) 备用的中药添加剂、3～5 份辅助添加剂、1～2 份载体、2～4 份保湿剂、0.2～0.5 份增韧剂、1～3 份丙二醇、1～2 份烟酰胺、0.6～1 份吐温-80、70～80 份去离子水混合，于 30～40℃ 搅拌 1～2h，灭菌，即得免洗面膜。

◀原料介绍▶ 所述载体为取桃胶、银耳按质量比 1∶1∶5 加入去离子水混合，匀浆，过滤，取滤液按质量比 1∶2∶10 加入海藻酸钠、去离子水混合，于 90～95℃

搅拌 1～2h，即得载体。

所述保湿剂是透明质酸、甘油、山梨醇、橄榄油、维生素 E 中的任意一种。

所述增韧剂是氢氧化钙和碳酸氢钠按质量比 1：1 混合。

◀产品应用▶ 本品是一种免洗面膜。

◀产品特性▶ 本产品加入天然凝胶物质，涂抹于脸部补充营养成分的同时能成膜，锁住面膜中有效活性成分，形成的面膜比较滋润，不厚重，利于皮肤的呼吸，不会对皮肤造成刺激。

配方 35   天然面膜

◀原料配比▶

原　料	配比（质量份）					
	1#	2#	3#	4#	5#	6#
当归	8	10	5	8	6	7
珍珠粉	15	18	18	20	19	20
黄瓜汁	25	30	25	30	23	30
柠檬汁	23	23	23	25	23	25
薏苡仁	10	10	10	10	10	10
甘油	22.5	22.5	22.5	22.5	22	22
蜂蜜	35	50	35	50	35	50
牛奶	20	30	20	30	20	30

◀制备方法▶ 将当归、珍珠粉、薏苡仁粉碎到 100 目左右，然后与黄瓜汁、柠檬汁和甘油一起加入蜂蜜和牛奶中。

◀产品应用▶ 本品是一种美容用面膜。

◀产品特性▶ 原料全部是纯天然的，无任何毒副作用，制作使用简单方便，使用效果明显，很方便在家里配制。

配方 36   羊奶面膜

◀原料配比▶

原　料	配比（质量份）					
	1#	2#	3#	4#	5#	6#
羊奶	15	50	30	30	30	30
柠檬提取物	20	0.5	5	5	5	5
高分子玻尿酸	—	0.05	0.1	0.8	0.2	0.2
低分子玻尿酸	—	1	0.8	0.1	0.2	0.2
氨基酸保湿剂	—	0.5	1	3	2	2
甘油	—	20	15	4	5	5
去离子水	—	20	40	60	30	30
玫瑰提取液	—	40	30	20	27.4	27.4
羟乙基纤维素	—	0.05	0.1	0.3	0.2	0.2

续表

原　　料		配比（质量份）					
		1#	2#	3#	4#	5#	6#
中药提取液		—	—	30	—	15	5
银耳提取液		—	—	—	10	10	2
茶树精油		—	—	—	5	5	8
薰衣草精油		—	—	—	40	40	12
丁二醇		—	—	—	0.5	0.5	2.5
中药提取液	麦冬提取液	—	—	20	—	30	50
	光甘草定提取物	—	—	10	—	5	—
	甘草	—	—	—	—	—	1
	白芷提取液	—	—	1	—	10	20
	洋甘菊提取物	—	—	20	—	15	—
	马齿苋提取物	—	—	5	—	10	—
	艾叶提取物	—	—	20	—	5	1
	党参提取液	—	—	0.1	—	0.5	1
	薄荷提取物	—	—	1	—	0.8	0.1

◀制备方法▶

（1）原料预处理：取高分子玻尿酸、低分子玻尿酸、氨基酸保湿剂、甘油、玫瑰提取液和一部分去离子水充分搅拌溶解呈透明液体；将柠檬经榨汁处理得到柠檬提取物；将羟乙基纤维素倒入煮沸的剩余去离子水中搅拌溶化，并倒入透明液体中。

（2）制备羊奶乳清精华液：取羊奶经加热处理，加入柠檬提取物，搅拌处理使羊奶中的酪蛋白凝固，经过滤得到羊奶乳清，将所述羊奶乳清与透明液体混合均匀，得到羊奶乳清精华液；羊奶经加热处理的温度为90℃。

（3）将羊奶乳清精华液灌装到高温蒸煮灭菌袋中，采用真空机抽干高温蒸煮灭菌袋中的空气后封口，将封口完毕的高温蒸煮灭菌袋放入高压蒸汽锅中，蒸40～60min，待降温后取出得到面膜。

◀原料介绍▶

所述的中药提取液的制备方法包括以下步骤：取麦冬、白芷、党参、薄荷、甘草、洋甘菊、马齿苋和艾叶中的一种或一种以上，加水煎煮两次得到中药提取液。所述加水煎煮两次的具体步骤包括：第一次加6～10倍的水煎煮1.5～3h，第二次加6～10倍的水煎煮1.5～3h；合并两次煎液，滤过，浓缩至0.2～2g/mL，冷藏静置10～24h，滤过，加水调整滤液浓度为0.2～2g/mL，得中药提取液。

◀产品应用▶　本品是一种羊奶面膜。

◀产品特性▶

（1）本面膜中的羊奶可快速修补老化、坏死、磨损的上皮细胞，增强皮肤弹性，美白皮肤，并使肌肤恢复正常生理功能，防止细菌侵袭。

（2）本产品各原料成分配比合理，使各成分护肤功效产生协同作用，且在原料

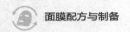

未添加任何防腐剂的情况下，实现了让羊奶面膜的保质期达到 60 天以上的效果。

配方 37　凝胶面膜

《原料配比》

原　　料			配比（质量份）		
			1#	2#	3#
凝胶液	羟乙基纤维素		0.1	1	0.5
	海藻酸钠		5	0.5	2.75
	结冷胶		0.1	1	0.5
	保湿剂	丙二醇	—	1	—
		丁二醇	—	—	10
		甘油	20	—	—
	EDTA-2Na		0.01	0.3	0.2
	防腐剂	苯氧乙醇	0.6	—	0.3
		羟苯甲酯	0.4	0.001	0.2
	去离子水		10	85	47.5
胶凝剂	水溶性钙盐	氯化钙	3	—	2
		葡萄糖酸钙	—	0.1	—
	水溶性镁盐	葡萄糖酸镁	—	—	2
		氯化镁	0.1	—	—
		硫酸镁	—	3	—
	防腐剂	苯氧乙醇	0.6	0.001	0.3
		羟苯甲酯	0.4	—	0.2
	去离子水		93	99.5	96

《制备方法》

（1）将羟乙基纤维素、海藻酸钠和结冷胶分散在保湿剂中，然后加入到凝胶液中的去离子水中，再加入 EDTA-2Na 和凝胶液中的防腐剂后搅拌，得到凝胶液。

（2）将胶凝剂中的原料混合并搅拌使其溶解。

（3）将粉碎后的玫瑰干花加入凝胶液中并搅拌均匀，然后用凝胶涂布机将其涂布在无纺布上。

（4）用喷雾器将步骤（2）的产物喷涂在无纺布上涂有凝胶液的一侧，然后静置3～10min，以使凝胶液凝固。

（5）用剪切机将步骤（4）处理过的无纺布切割成预设形状，得到面膜。

《产品应用》　本品是一种凝胶面膜。

《产品特性》　本品方法制备的面膜，通过凝胶包裹植物碎片，将植物碎片预先均匀涂布于无纺布面膜布上，解决了植物碎片在面膜布上分布不均的问题；同时由于凝胶的包裹，阻止了面膜液与植物碎片的直接接触，有效地预防了植物碎片中的天然色素溶解到面膜液中，大大提高了植物碎片颜色的稳定性。

配方 38 清洁护肤面膜

<制备方法> 原料配比>

原　料	配比（质量份）		
	1#	2#	3#
丁二醇	1	5	3
甘油	8	10	9
精氨酸	10	12	9
透明质酸钠	20	22	21
吡咯烷酮羧酸钠	5	10	8
优质矿泉水	60	70	65
薰衣草纯露	5	7	6
氨基酸	4	7	5.5
苯氧乙醇	10	12	11
透明质酸	8	10	9
海藻酸钠	10	12	11
聚乙烯醇	5	8	6.5
珍珠粉	8	10	9
丙二醇	10	12	11

<制备方法> 将各组分原料混合均匀即可。

<产品应用> 本品是一种具有清洁、美白、保湿和收敛效果的面膜。

<产品特性> 通过本方法制备的产品，护肤效果更加显著。

配方 39 花卉水面膜

<原料配比>

原　料	配比（质量份）		
	1#	2#	3#
丁二醇	3	5	7
竹炭	0.1	1.5	2.5
聚乙烯醇	1.5	2	2.5
海泥	5.5	7.5	9.5
蛋清	0.1	1.2	2.2
甘油	6	7.5	9
乙醇	0.2	0.25	0.3
氢化甜杏仁油	1.5	2	2.5
神经酰胺	0.6	1	1.4
氧化还原酶	0.2	0.3	0.4
花卉水	10	18	20
琥珀粉	0.01	0.012	0.014
珍珠粉	5	7.5	10
去离子水	66.29	46.238	32.686

<制备方法>

（1）选取新鲜的花卉，经紫外线消毒处理 50～60min 后，捣碎，然后将捣碎后

花卉与水按质量比（2～3）：1 的比例混合均匀，然后取汁得到花卉水。

（2）将琥珀粉、珍珠粉和去离子水混合均匀，并搅拌成膏状；然后边搅拌边加入步骤（1）中的花卉水；加热至 40～50℃，然后加入丁二醇、竹炭、聚乙烯醇、海泥、蛋清、乙醇、甘油、氢化甜杏仁油、神经酰胺和氧化还原酶；继续搅拌 30～50min 后，冷却到常温，得到面膜。

《原料介绍》 所述花卉水为金盏花水。

《产品应用》 本品主要用于软化溶解毛孔中的碎屑和油脂，去除皮肤中的黑头，促使皮肤无堵塞，收缩毛孔；并且能够美白、去除粉刺、祛除淡斑，能够改善面部肌肤问题。

《产品特性》 本产品温和不刺激，以天然的花卉水为主，并配合其他原料，相互协同，能软化溶解毛孔中的碎屑和油脂，更容易去除皮肤中的黑头，促使皮肤无堵塞，收缩毛孔；并且能够美白、去除粉刺、祛除淡斑，能够改善面部肌肤问题；本产品的面膜制备方法具有成本低、工艺简单、生产效率高、不污染环境的特点。

配方 40 天然面膜膏

《原料配比》

原　　料		配比（质量份）
珍珠粉		1000
蜂蜜		800
添加粉		150
美容醋		600
水		250
添加粉	去黑色素粉	100
	祛痘粉	50
去黑色素粉	白及	5
	白蔹	5
	白附子	7
	白丁香	5
	白芷	6
	密陀僧	4
祛痘粉	硫黄	7
	生大黄	9
	土茯苓	18

《制备方法》

（1）加入珍珠粉和蜂蜜搅拌。

（2）向（1）步骤中得到的混合物内添加添加粉并搅拌混合。

（3）向（2）步骤中得到的混合物内添加美容醋和水并搅拌形成膏状。

《原料介绍》 所述美容醋的乙酸含量为 2.5％～3.54％。

《产品应用》 本品是一种天然面膜膏。

◀产品特性▶

（1）本产品中添加粉的选择有三种：一种是单独的去黑色素粉；一种是单独的祛痘粉；一种是去黑色素粉和祛痘粉的混合物。因而在针对皮肤仅需要清除黑色素时，只需添加去黑色素粉即可，而针对祛痘、消炎、抗过敏、杀菌等，则添加祛痘粉即可，而两者均需解决的则同时添加去黑色素粉和祛痘粉。

（2）现有美白和祛痘化妆品成分有差别，并不能涵盖所有的去黑色素粉和祛痘粉，因而在使用现有的化妆品时，会造成皮肤对某些成分产生一定的抗性。然而本品中的成分与现有的化妆品的成分不同，不会对本品中的所有的成分均产生抗性，因而能够确保祛痘和去黑色素的效果。

配方 41　面膜精华液

◀原料配比▶

原　料	配比（质量份）
突厥蔷薇花水	89.11605
甘油	5.22
1,2-己二醇	0.57
透明质酸钠	0.015
二丙二醇	2
甲基丙二醇	1
甘油丙烯酸酯	0.01
PVM 共聚物	0.00575
1,3-丙二醇	0.5
对羟基苯乙酮	0.5
PEG-60 氢化蓖麻油	0.2
海藻糖	0.2
羟乙基纤维素	0.2
赤芝茎提取物	0.1218
丁二醇	0.0014
精氨酸	0.1
卡波姆	0.1
尿囊素	0.05
甘草酸二钾	0.03
EDTA-2Na	0.02
泛醇	0.01
日用香精	0.03

◀制备方法▶　将各组分原料混合均匀即可。

◀产品应用▶　本品是一种面膜精华液。

◀产品特性▶　本面膜精华液能有效保湿润肤，增强皮肤弹性，舒缓皱纹，帮助营养物质渗透于皮肤中，淡化黑色素，提亮肤色，改善肌肤黯哑粗糙，从而满足消费者的多重需求。

配方 42　芦荟面膜精华液

《原料配比》

原　　料	配比（质量份）						
	1#	2#	3#	4#	5#	6#	7#
芦荟原液	26	30	27	27	29	28	28
去离子水	8	13	9	9	12	11	10
山药提取物	18	22	19	19	21	20	20
小分子透明质酸	17	23	19	18	22	21	20
丙二醇	2	5	3	3	4	3.5	3.5
山梨酸钾	2	6	5	3	5	3.5	4
维生素 B_5	8	12	5	9	11	10	10

《制备方法》

（1）按照以上份数称取原料。

（2）乳化机清洗、消毒后，将上述原料依次加入乳化机中，搅拌均匀，将乳化机的温度控制为 20～35℃，保温 10～15min，然后将乳化机的转速调至 2200～2800r/min，搅拌 10～15min，完成上述步骤后，将乳化后的原料在常温下静置 22～26h 沉化，沉化后得到上层清液，使用全自动面膜充填机灌装，包装即为成品。

《原料介绍》　所述芦荟原液为纯度 5%～30% 的库拉索芦荟鲜原液。

《产品应用》　本品是一种芦荟面膜精华液。

《产品特性》　本品可改善面部缺水、黯黄的问题，补水的同时锁水。该面膜精华液不含激素，纯植物无添加，可进行深层排毒，消炎抗菌效果好，促进细胞再生，能够改善面部过敏的现象；对于过敏性皮肤，修复效果好，排毒消炎，不会出现过敏现象；对于干性皮肤，解决了皮肤干燥、起皮的问题，锁水能力强，不仅皮肤表层水润有弹性，而且能够 24h 锁水保湿；对于油性皮肤，可改善毛孔粗大问题，加快细胞的再生能力，修复皮肤。

配方 43　尿囊素面膜精华液

《原料配比》

原　　料	配比（质量份）		
	1#	2#	3#
丁二醇	4	5	6
丙二醇	3	5	7
尿囊素	4	4.6	5
透明质酸	7	8	9
姜黄素	2	3	4
聚谷氨酸钠	1	2	3
植物甾醇聚乙二醇	3	4	5

续表

原　料	配比（质量份）		
	1#	2#	3#
橄榄油精华	7	9	11
单硬脂酸甘油酯	5	6	7
失水山梨醇单硬脂酸酯	4	5	6
果酸	6	7	8
银杏提取物	4	6	7
野菊花提取液	7	9	10

◀制备方法▶　将各组分原料混合均匀即可。

◀产品应用▶　本品是一种尿囊素面膜精华液。

◀产品特性▶　本品保湿润肤，增强皮肤弹性，减缓皱纹，淡化色斑，提亮肤色。

配方 44　冬虫夏草面膜液

◀原料配比▶

原　料	配比（质量份）		
	1#	2#	3#
冬虫夏草提取物	0.3	1.2	0.8
酵母提取物	0.5	1.5	1
甘油	8	15	8
甘露糖醇	0.2	1	0.8
聚谷氨酸钠	0.3	0.5	0.4
透明质酸钠	0.02	0.12	0.08
β-葡聚糖	0.2	0.5	0.4
纯化水	90.48	80.18	89.52

◀制备方法▶

（1）将水与保湿剂、甘露糖醇混合后，得到混合料液；水的温度为 80～83℃。

（2）将所述步骤（1）得到的混合料液与冬虫夏草提取物、酵母提取物混合后，得到面膜液。混合料液的温度优选为 42～45℃。

◀原料介绍▶　所述冬虫夏草提取物的活性成分包括虫草素、蛋白质、氨基酸、甾醇、甘露醇、生物碱、多糖和矿物质。

所述酵母提取物的活性成分包括氨基酸、核苷酸、维生素和矿物质。

所述保湿剂包括甘油、聚谷氨酸钠、β-葡聚糖和透明质酸钠。

◀产品应用▶　本品是一种能够为肌肤补充水分，同时给予肌肤深层滋养呵护，舒缓修复肌肤，使肌肤水润晶莹，柔嫩饱满，能够解决综合性皮肤衰老问题的面膜液。

使用方法：每隔一天使用一次，所述使用的时间优选为 15～20min，更优选为 16～19min，最优选为 17～18min。本品优选在使用面膜过程中，间隔性轻按面膜，帮助皮肤吸收面膜液，在使用后，以按摩方式协助皮肤吸收残留于面部的面膜液，无需用水冲洗。

《产品特性》　本产品中含有的冬虫夏草提取物能够使衰老皮肤的水分含量恢复到正常水平，含有的酵母提取物使老化的表皮恢复弹性，延缓皮肤衰老，酵母提取物中的营养元素为皮肤提供充足的营养。因此虫草养颜面膜液能够为肌肤补充水分，同时给予肌肤深层滋养呵护，舒缓修复肌肤，使肌肤水润晶莹，柔嫩饱满，能够解决综合性皮肤衰老问题。

配方 45　魔芋生物质面膜

《原料配比》

原　料		配比（质量份）		
		1#	2#	3#
筛粉		10	10	10
混合胶液		2	5	3
3%～8%的碳酸氢钠溶液		60	—	—
8%的碳酸氢钠溶液		—	30	—
5%的碳酸氢钠溶液		—	—	50
混合胶液	葡萄籽素	2	2	2
	丙二醇	5	20	15
	添加剂	3	1	2
	生物质液体	1	1	1
添加剂	聚乙烯醇胶冻	2	4	3
	淀粉胶液	1	1	1
	卡拉胶或魔芋胶	1	1	1
聚乙烯醇胶冻	固体颗粒状的聚乙烯醇	—	1	1
	温度为90℃的热水	—	20	—
	温度为80℃的热水	15	—	—
	温度为85℃的热水	—	—	15～20
淀粉胶液	淀粉	1	1	1
	温度为80℃的热水	8	—	—
	温度为80～90℃的热水	—	12	—
	温度为85℃的热水	—	—	10
生物质液体	肉苁蓉	3	2	4
	金银花	6	8	7
	芦荟	3	2	4
	白及粉	4	3	5
	牡蛎酶解液	5	6	4

《制备方法》

（1）筛粉制备：将魔芋水洗并切块晒干，并将晒干的魔芋块制成精粉；向精粉加入乙醇溶液洗涤；然后研磨、压滤、烘干得魔芋葡甘露聚糖，过 50～80 目筛得筛粉。

（2）混合胶液制备：将葡萄籽素、丙二醇、添加剂和生物质液体按照质量比 2：（5～20）：（1～3）：1 制备成混合胶液。

（3）初级物制备：按质量份将步骤（1）所述筛粉、步骤（2）所述混合胶液以及质量分数为3%～8%的碳酸氢钠溶液按照质量比10：（2～5）：（30～60）混合搅拌制成初级物。

（4）微波真空处理和蒸熟：将所述初级物加入模具中，先进行微波真空处理，然后进行蒸熟处理，得到魔芋块。

（5）初级冷冻：将蒸熟后的魔芋块进行冷冻成型。

（6）一级解冻脱水：将成型后的魔芋块继续解冻脱水。

（7）二级冷冻：将脱水后的魔芋块再进行冻干成型。

（8）包装成品，得魔芋生物质面膜。

◀原料介绍▶

所述的混合胶液由葡萄籽素、丙二醇、添加剂和生物质液体按照质量比2：（5～20）：（1～3）：1制备成。

所述添加剂制备：

（1）按质量份称取1份固体颗粒状的聚乙烯醇和15～20份温度为80～90℃的热水，往聚乙烯醇中边加热水边搅拌，存放制成聚乙烯醇胶冻。

（2）按质量份称取1份淀粉和8～12份温度为80～90℃的热水，往淀粉中边加热水边搅拌，存放制成淀粉胶液。

（3）将所述聚乙烯醇胶冻、淀粉胶液和卡拉胶或魔芋胶按质量比（2～4）：1：1搅拌混合制成添加剂。

所述生物质液体的制备：按质量份称取肉苁蓉2～4份、金银花6～8份、芦荟2～4份、白及粉3～5份、牡蛎酶解液4～6份，取肉苁蓉、金银花和芦荟，加水煎煮2～3h，过滤，将滤过液用反渗透膜进行浓缩，得到固体物含量10%～15%的第一煎液；取所述白及粉，加水煎煮3～4h，过滤，用反渗透膜浓缩，得到固体物含量45%～50%的第二煎液；然后合并第一煎液和第二煎液得到所述生物质液体。

所述牡蛎酶解液利用微生物发酵酶解和/或蛋白酶制剂酶解来制备。

所述微生物发酵酶解是在牡蛎匀浆液中接种微生物发酵来完成的；微生物包括中性蛋白酶产生菌、酸性蛋白酶产生菌、碱性蛋白酶产生菌、芽孢杆菌、酵母菌、霉菌或乳酸菌中的一种或多种。

所述蛋白酶制剂包括：多种来源的蛋白酶，如植物蛋白酶、动物蛋白酶或微生物蛋白酶；各种反应条件的蛋白酶中的一种或几种，如中性蛋白酶、酸性蛋白酶和碱性蛋白酶。

◀产品应用▶ 本品是一种能清理毛孔内堵塞物、增强皮肤弹性、绿色生态的魔芋生物质面膜。

◀产品特性▶

（1）通过蒸熟前的微波真空处理，各组分同时发生热效应和非热效应，微波辐射加热时，材料内部摩擦而发热，使得面膜中的各组分相互交融，并发生若干反应，最终使本产品的面膜成分发挥防老减皱、增强皮肤弹性、清理毛孔内堵塞物的优良功效。

（2）葡萄籽素中的优质的氧自由基清除剂和脂质过氧化抑制剂，可对氧化损伤起到修复与保护作用。提纯后的葡萄籽素具有以下功效：清除自由基，抗衰老，美容养颜，保护胶原蛋白，改善皮肤弹性与光泽，美白、保湿、祛斑；减少皱纹，保持皮肤的柔润光滑，清除痤疮，愈合疤痕，增强皮肤抵抗力、免疫力，防治皮肤过敏及各类皮肤病；增强皮肤抗辐射能力，阻止紫外线侵害。通过紫外线灭菌或用臭氧水浸泡灭菌可以增加魔芋生物质面膜的抗菌性并延长其保存时间。

配方 46 深层清洁面膜

‹原料配比›

原 料	配比（质量份）				
	1#	2#	3#	4#	5#
绿豆	15	15	18	15	18
红豆	15	15	18	15	18
白芷	10	10	12	8	8
干菊花	12	—	10	10	10
牛奶	30	30	20	30	20
蜂蜜	15	10	15	20	15
金银花	10	—	10	—	15
黄豆	5	—	5	5	—
白及	8	6	—	5	5
白茯苓	—	6	5	5	—
珍珠	8	8	—	—	—
百合	5	—	5	5	5
绿茶	—	6	—	—	—
蛋清	6	5	—	8	5
芦荟	—	—	8	8	6
食盐	5	3	5	5	5
面粉	—	5	—	—	5

‹制备方法›

（1）将各类固体原料按比例混合（芦荟除外），利用打粉机将混合后的固体原料加工粉碎至 300 目细粉。

（2）将芦荟去皮打成汁。

（3）将鸡蛋的蛋清与蛋黄分离，保留蛋清，按比例称取蛋清。

（4）称取牛奶、蜂蜜和去离子水。

（5）将牛奶和蜂蜜加入水中，并搅拌使牛奶和蜂蜜完全与水混合得到混合液。

（6）将芦荟汁和/或蛋清倒入混合液中，充分搅拌，直至均匀形成面膜液，如果原料中没有芦荟或蛋清，混合液即为面膜液。

（7）将面膜液倒入固体原料细粉中，搅拌均匀至糊状后，静置 10min 即可。

‹产品应用› 本品是一种深层清洁面膜。

‹产品特性›

（1）采用食物和部分草本植物作为面膜的原料，不含任何化学成分，可供人们长期使用而不会产生任何副作用。

（2）红豆、绿豆等谷物打粉可以有效地抑制皮肤油脂分泌，促进皮肤排毒。

配方47 碳酸氧气泡泡清洁面膜

◀原料配比▶

原　料		配比（质量份）				
		1#	2#	3#	4#	5#
碳酸氢钠		5	4	6	5	5
甘油		7	6	8	7	7
海底泥		12	10	14	12	12
山梨糖醇		8	7	9	8	8
黄原胶		7	6	8	7	7
十二烷基葡萄糖苷		5	4	6	5	5
香精		0.7	0.6	0.8	0.7	0.7
去离子水		60	55	65	60	60
柠檬酸和柠檬酸钠		8	7	9	8	8
柠檬酸和柠檬酸钠	柠檬酸	7	6	8	6	8
	柠檬酸钠	1	1	1	1	1

◀制备方法▶

（1）将碳酸氢钠、甘油、山梨糖醇、十二烷基葡萄糖苷、香精、柠檬酸和柠檬酸钠溶于去离子水中，得到混合组分A。

（2）将海底泥和黄原胶搅拌均匀，得到混合组分B。

（3）将混合组分A和混合组分B搅拌均匀，分装灌封。

◀产品应用▶ 本品是一种碳酸氧气泡泡清洁面膜。

◀产品特性▶

（1）本产品通过气泡发酵的过程带走毛孔中的污垢，从而达到排毒、清洁的效果，控油、去角质、去黑头、清洁毛孔。

（2）本产品中含有碳酸氢钠，敷到脸上后遇热分解产生气体，能够产生丰富细腻的泡泡，泡泡在气流中移动的同时能够吸附毛孔深处的污垢及多余油脂，令肌肤能更好地吸收天然提取物的营养和氧气，持续保持肌肤水润弹滑。

（3）本产品既能保证存储时具有稳定的性质，又能保证使用时敷到脸上后能在3～5min内迅速发酵产生泡泡。

配方48 海藻泥面膜

◀原料配比▶

原　料		配比（质量份）				
		1#	2#	3#	4#	5#
聚氨酯水凝胶颗粒	阳离子型聚氨酯水凝胶颗粒	10	12	14	16	18

续表

原 料		配比（质量份）				
		1#	2#	3#	4#	5#
热塑型聚氨酯颗粒	邵氏硬度为70A的热塑型聚氨酯颗粒	25	27	—	—	—
	邵氏硬度为75A的热塑型聚氨酯颗粒	—	—	30	32	35
溶剂	N,N-二甲基甲酰胺	110	—	110	110	—
	N,N-二甲基乙酰胺	—	110	—	—	110
海藻泥粉末	500目海藻泥粉末	30	—	—	—	—
	1500目海藻泥粉末	—	35	40	—	—
	2000目海藻泥粉末	—	—	—	45	50
甘草提取液和甘醇酸混合溶液	甘草提取液	11	12	14	15	15
	甘醇酸	11	12	14	15	15
	去离子水	78	76	72	70	70

《制备方法》

（1）将干燥的阳离子型聚氨酯水凝胶颗粒、热塑型聚氨酯颗粒、溶剂置于反应器中，恒温于50～80℃搅拌使得聚氨酯水凝胶颗粒和热塑型聚氨酯颗粒充分溶解于溶剂中，待冷却至室温后，制得聚氨酯溶液。

（2）在步骤（1）制得的聚氨酯溶液中加入干燥海藻泥粉末，搅拌均匀，得到固液混合物。

（3）将步骤（2）所得固液混合物减压消泡0.5h，迅速均匀涂覆于离型纸上，然后将离型纸浸入去离子水中，待固液混合物完全固化成膜后置于50℃的干燥箱中，干燥1～2h，待离型纸和膜冷却后除去离型纸。

（4）将步骤（3）制得的膜浸入甘草提取液与甘醇酸混合溶液中3h后，再将膜从混合溶液中取出。

（5）将步骤（4）制得的膜根据实际应用需求裁剪成合适的尺寸和形状，即制得一种海藻泥面膜。

《产品应用》 本品是一种海藻泥面膜。

《产品特性》 本产品中海藻泥含量高，该海藻泥面膜能够吸附多余油脂与死皮，从而起到清洁皮肤的作用。面膜在甘醇酸和甘草提取物中浸泡3h，吸附了其中大量的活性成分，该活性成分能够增加肌肤湿度，提升皮肤弹性，淡化黑斑，祛除皱纹，还能够有效避免紫外线对皮肤的损伤。

配方 49　易吸收的玫瑰精油面膜

《原料配比》

原 料	配比（质量份）				
	1#	2#	3#	4#	5#
玫瑰精油	2	3	3	4.5	5
甘油	1	2	3	6.5	7
透明质酸钠	0.1	0.2	0.3	0.55	0.6

原　料	配比（质量份）				
	1#	2#	3#	4#	5#
酒精	1	2	3	4.5	5
生育酚	0.1	0.2	0.3	0.45	0.5
馨鲜酮	0.2	0.3	0.4	0.55	0.6
柠檬酸	0.02	0.1	0.1	0.45	0.5
霍霍巴油	0.1	0.2	0.3	0.55	0.6
苯氧乙醇	0.1	0.2	0.3	0.55	0.6
尿囊素	0.1	0.2	0.2	0.25	0.3
丁二醇	2	3	5	7.5	8
PEG-40	1	2	2	2.5	3
胶原蛋白	0.5	0.6	1	1.5	2
玫瑰纯露	加至100	加至100	加至100	加至100	加至100

◀制备方法▶

（1）称取 A 相原料投入主锅锅内，加温至 70℃，搅拌至全部溶解。A 相原料包括甘油、透明质酸钠、生育酚、柠檬酸、尿囊素、丁二醇、胶原蛋白、玫瑰纯露。

（2）保温 15min 后降温至 35～45℃，称取 B 相原料慢慢加入主锅，搅拌 6～10min。B 相原料包括酒精、霍霍巴油、苯氧乙醇、PEG-40。

（3）称取并加入 C 相原料搅拌 4min，C 相原料包括玫瑰精油。

（4）加入 D 相原料，搅拌均匀，抽真空、冷却至 35℃后过滤得到药液，D 相原料包括馨鲜酮。

（5）将上一步所得药液均匀涂抹在纳米纤维层上，形成含有胶原蛋白的纳米纤维层。

（6）将含有胶原蛋白的纳米纤维层与基材层贴合在一起。

◀产品应用▶　本品是一种易吸收的玫瑰精油面膜。

◀产品特性▶　本产品的玫瑰精油作为油性成分溶解在胶原蛋白的纳米纤维层中，可以使面部污垢很好地游离于其中，达到良好的去污效果。被去除的污渍会向基材层移动而不影响皮肤对美容成分的吸收。

配方 50　芦荟面膜

◀原料配比▶

原　　料	配比（质量份）		
	1#	2#	3#
新鲜芦荟叶	2000	2500	2300
维生素	3	5	4
琼脂粉	5	8	6
山茶油	8	10	9
金莲花提取物	1	3	2
鸡蛋花提取物	1	3	2

续表

原　料	配比（质量份）		
	1#	2#	3#
蜂蜜	300	400	350
黄瓜	800	1000	900
蛋黄	30	40	35
黄芪粉	10	15	12
白术粉	10	15	13
白芍粉	5	10	8

《制备方法》

（1）将新鲜芦荟叶在流水下清洗干净，用刀片将芦荟叶的尖头以及两侧切除，然后从中间对半劈开，将芦荟叶片内部的芦荟鲜肉取出。

（2）将取出的芦荟鲜肉装入食品搅拌机内进行破碎搅拌，搅拌至生成小气泡和无颗粒为止，得到芦荟悬浮液，进行3～5h的沉淀。

（3）将芦荟悬浮液加入适量的去离子水倒入过滤壶进行过滤，得到芦荟汁。

（4）芦荟汁中加入维生素、山茶油、金莲花提取物和鸡蛋花提取物，用手动搅拌器搅拌12～15min，然后均匀撒入琼脂粉，继续用手动搅拌器同一方向上搅拌，直到搅拌至凝胶状，得到芦荟胶。

（5）将黄瓜洗净，榨汁，澄清过滤得到黄瓜汁，将黄芪粉、白术粉和白芍粉加入黄瓜汁中并搅拌均匀，然后加入芦荟胶、蜂蜜和蛋黄搅拌40～50min，得到芦荟面膜。

《原料介绍》 所述维生素为维生素C或维生素E中的一种。

《产品应用》 本品是一种芦荟面膜。

《产品特性》 制备方法简单方便，工艺合理，成本低，用料易得，制作出来的芦荟面膜不添加任何防腐剂，随用随制。金莲花提取物和鸡蛋花提取物的加入提高了芦荟面膜的保湿持久度，提高了保湿效果，白术能够有效祛斑祛痘，白芍能够改善面部光泽，效果好，能满足人们的使用需求。

二、保湿面膜

配方1　白凤菜保湿面膜

<原料配比>

原　　料	配比(质量份)				
	1#	2#	3#	4#	5#
白凤菜汁	50	53	56	58	60
栀子提取物	10	5	8	7	9
羧甲基纤维素	3.4	3.7	3	4	2.5
海藻酸钠	1.5	2.5	2	1.8	2.2
聚乙二醇	3	2	1	1.5	2.5
蜂蜜	1	0.5	2	1.5	1.8
乳木果油	4	3	3.5	4.6	2.5
咪唑烷基脲	0.03	0.1	0.05	0.06	0.08
去离子水	27.07	30.2	24.45	21.54	19.42

<制备方法>　将各组分原料混合均匀即可。

<原料介绍>　所述的白凤菜汁的制备方法包括下述步骤：

(1) 取新鲜的白凤菜200～500g，清洗干净，放入榨汁机中，加入温度为38～45℃的去离子水，比例为去离子水：白凤菜＝2:1，榨汁2min，过滤，汁液留用。

(2) 往步骤 (1) 中的滤渣加入与步骤 (1) 等量的去离子水，榨汁2min，过滤，汁液留用。

(3) 合并步骤 (1) 和步骤 (2) 制得的汁液，即得白凤菜汁。

<产品应用>　本品是一种白凤菜保湿面膜。

<产品特性>

(1) 本产品对皮肤安全无刺激。

(2) 本产品能够补给肌肤角质层细胞充足的水分，且可以及时锁住表皮水分，

减少皮肤水分蒸发，增强肌肤湿润度。

（3）本产品可提高皮肤油脂腺活跃度，调节皮肤油水平衡，从根本上解决肌肤缺水问题。

（4）本产品配方功效成分易被皮肤吸收，不会堵塞毛孔，可长期使用。

配方 2　保湿抗过敏修复面膜

◀原料配比▶

原　　料		配比（质量份）			
		1#	2#	3#	4#
大分子透明质酸		0.03	0.08	0.01	0.1
中分子透明质酸		0.03	0.03	0.01	0.1
小分子透明质酸		0.03	0.045	0.01	0.1
尿素		0.5	1.35	0.15	1.5
神经酰胺	神经酰胺 3	2	3.3	0.6	5
	烟酰胺	2	3.4	0.6	5
聚二甲基硅氧烷		5	8.5	1.5	10
甘油		0.5	0.3	0.3	0.5
丁二醇		1	0.45	0.3	3
硼酸		2	3.75	0.6	6
绿茶提取物茶多酚		1	2.1	0.3	3
去离子水		加至 100	加至 100	加至 100	加至 100

◀制备方法▶

（1）将甘油与丁二醇混合，搅拌均匀，得到混合液 A。

（2）将大分子透明质酸、中分子透明质酸、小分子透明质酸加入到混合液 A 中，搅拌均匀，得到混合液 B。

（3）绿茶提取物茶多酚溶解于体积为其 5 倍的去离子水中，搅拌均匀，得到混合液 C。

（4）将硼酸溶解于体积为去离子水总体积 1/3 的去离子水中，再加入尿素、神经酰胺、烟酰胺、聚二甲基硅氧烷，搅拌均匀，得到混合液 D。

（5）将混合液 C 加入混合液 B 中，搅拌均匀，再将其加入混合液 D 中，再加入剩余去离子水，搅拌均匀，冷却至室温，得到混合液 E。

（6）将单片全棉面膜纸放入到混合液 E 中，取出并真空包装，制成保湿抗过敏修复面膜，冷藏保存。

◀原料介绍▶　所述的大分子透明质酸分子量大于等于 1800000 且小于等于 2200000；中分子透明质酸分子量大于等于 1000000 且小于 1800000；小分子透明质酸分子量大于等于 400000 且小于 1000000。

所述的丁二醇为 1,3-丁二醇。

所述的神经酰胺包括神经酰胺 1（Ceramide Ⅰ）、神经酰胺 2（Ceramide Ⅱ）、神经酰胺 3（Ceramide Ⅲ）、神经酰胺 6（Ceramide Ⅵ）。

所述的绿茶提取物茶多酚包含儿茶素、没食子儿茶素、表儿茶素没食子酸酯、表没食子儿茶素没食子酸酯。

◀产品应用▶　本品是一种保湿抗过敏修复面膜。

◀产品特性▶　该面膜成分不含香料，对皮肤无刺激，其有效成分能够快速渗透肌肤，达到良好的保湿效果，并具有抗炎抗过敏、镇静、修复皮肤、恢复皮肤屏障的作用。

配方3　持久保湿面膜

◀原料配比▶

原　　料	配比（质量份）
去离子水	100
芦荟提取液	90
珍珠粉	100
胶原蛋白	80
银耳提取液	50
维生素 E	30
灵芝提取液	50
马齿苋提取液	30
六胜肽	30
胡萝卜	90
大枣	50
香蕉提取液	50
蜂蜜	50
杏仁	50
无花果	30
茉莉精油	50
甘油	30
洋葱提取液	50
苦瓜提取液	30
人参	90
丝瓜提取液	30
防腐剂	10

◀制备方法▶

（1）将珍珠粉、六胜肽、胡萝卜、大枣、杏仁、无花果、人参分别粉碎成粉末状。

（2）将步骤（1）中的各成分的粉末混合在一起，均匀搅拌，得到混合粉末。

（3）在步骤（2）中得到的混合粉末中加入去离子水混合，搅拌均匀，得到产物一。

（4）将步骤（3）中得到的产物一中加入芦荟提取液、银耳提取液、灵芝提取液、马齿苋提取液、香蕉提取液、洋葱提取液、苦瓜提取液、丝瓜提取液，搅拌，直到混合均匀，得到产物二。

（5）在步骤（4）中得到的产物二中加入胶原蛋白、维生素 E、蜂蜜、茉莉精油、甘油，搅拌均匀，得到产物三。

（6）在步骤（5）中得到的产物三中加入防腐剂，得到产物四。

（7）将步骤（6）中得到的产物四进行冷却，得到结晶物。

（8）将步骤（7）中的结晶物静置备用。

◀产品应用▶　本品是一种保湿面膜。

◀产品特性▶　该保湿面膜由天然物质配制而成，温和无刺激，可以对面部肌肤保持长时间的滋润，不干涩，增加细胞活力，抗炎抗氧化。

配方 4　保湿润肤面膜

◀原料配比▶

原　料	配比（质量份）		
	1#	2#	3#
蓝莓提取液	5	10	16
刺梨子提取液	16	12	8
洋甘菊提取液	12	10	8
当归提取液	3	4	5
蜂蜜	6	8	10
橄榄油	13	10	8
木瓜粉	10	12	10
海藻	4	7	10
何首乌	8	6	4
脱氢乙酸钠	3	4	5
乳酸	1	2	3

◀制备方法▶

（1）按质量份称取原料：蓝莓提取液、刺梨子提取液、洋甘菊提取液、当归提取液、蜂蜜、橄榄油、木瓜粉、海藻、何首乌、脱氢乙酸钠、乳酸。

（2）将海藻、何首乌与 5 倍海藻和何首乌总质量的去离子水混合，加热煮沸提取 1～1.5h，过滤，取滤液，原料渣再次加入 4 倍质量的去离子水，再次煮沸提取、过滤、取滤液，混合两次滤液，得到混合液。

（3）往步骤（2）制得的混合液中依次加入蓝莓提取液、刺梨子提取液、当归提取液、洋甘菊提取液，加温至 30℃，缓慢搅拌，然后依次加入蜂蜜、橄榄油、木瓜粉、脱氢乙酸钠，搅拌成稠膏，调节稠膏的相对密度为 1.05，制得稠膏状物。

（4）往上一步制得的稠膏状物中加入乳酸调节 pH 值至 5.0～7.0。

（5）将步骤（4）处理后的稠膏状物进行高温杀菌、包装即可制得成品。

◀原料介绍▶　所述蓝莓提取液是按以下方法制备获得：蓝莓果破碎后，加入 1.5 倍质量的食用酒精，于 20～30℃下浸泡 2～3 天，收集上层浸提液，浸提液于离心机中离心 10～15min，转速 5000～10000r/min，得到沉淀物和上清液，将上清液加温至 60℃，然后加入上清液体积的 5%～10% 的食醋，充分搅拌混匀，制得蓝莓提取液。

所述刺梨子提取液是按以下方法制备获得：刺梨子去皮，放入榨汁机中搅碎，然后使用纱布挤压，收集刺梨子汁，收集的刺梨子汁进行高温杀菌后，制得刺梨子提取液。

所述洋甘菊提取液是按以下方法制备获得：将洋甘菊洗净，使用榨汁机搅碎，然后用浓度为 50%～60% 的盐水浸泡 1～1.5h，将浸泡液放入离心机中离心 10～15min，离心速率 1000～1500r/min，得到上清液，将上清液在 90～100℃ 下蒸馏，所得蒸馏液即为洋甘菊提取液。

所述当归提取液是按以下方法制备获得：将干燥的当归粉碎至 100 目颗粒，当归颗粒与水以 1∶5 质量比混合，并加入当归颗粒与水总质量 0.8% 的纤维素酶，加温至 55℃ 进行酶解，时间持续 1～1.5h，酶解完成后过滤，将滤液浓缩至相对密度 1.41～1.52，制得当归提取液。

《产品应用》 本品是一种保湿润肤面膜。

使用方法：使用时轻轻涂于脸部和颈部，形成薄膜，20～25min 后小心将面膜去掉即可，这种面膜可用于普通、干燥性衰萎皮肤，每周 1～2 次。

《产品特性》 所述面膜不含激素和西药成分，吸收效果好，使用后对皮肤无刺激，具有吸收好、易清洗、不伤手的特点。本品充分利用原料中药的有效活性成分，通过各组分的合理配比配制，制成的面膜具有良好的补水润肤效果，而且无毒副作用。

配方5　补水保湿的中药面膜

《原料配比》

原　料	配比（质量份）		
	1#	2#	3#
积雪草	15	15	13
山楂	15	15	12
熟地黄	10	10	9
杏仁	10	10	8
马齿苋	10	10	9
甘草	9	9	7
葛根	15	15	13
菊花	12	12	10
地肤子	20	20	18
白及	15	15	13
芦荟	30	30	25
甘油	15	15	14
去离子水	适量	适量	适量

◀制备方法▶

（1）将所述质量份的葛根、菊花、地肤子、白及分别粉碎，过 250～300 目筛，混合均匀成超微细粉。

（2）将所述质量份的积雪草、山楂、熟地黄、杏仁、马齿苋、甘草六味药加 10 倍质量的水煎煮 2h，过滤得煎液，再在药渣中加入 8 倍质量的水煎煮 1.5h，过滤得煎液，合并两次煎液，浓缩成相对密度为 1.25～1.30 的浸膏。

（3）将所述质量份的芦荟切成薄片，挤汁，2h 后分出液体，液体 100℃加热 20～40min，除去漂着的灰汁，逐渐冷却，加 3%～5% 的食醋，混合得芦荟汁。

（4）将上述超微细粉、浸膏、芦荟汁和甘油混合在一起，使用均质机均质。

（5）灭菌后灌装即可。

◀产品应用▶　本品主要用于调和气血、疏通经络、活血化瘀、滋养皮肤，可有效解决黄褐斑、蝴蝶斑、老年斑等色素沉着引发的肌肤问题。

使用方法：

（1）先用温水清洁面部皮肤，最好能用品质较好的洗面奶清洗并加以按摩 5～10min。

（2）敷面膜：取本产品 30g，均匀敷于面部 0.8～1mm 厚，外敷保鲜膜以保湿，20～30min 后去除面膜，清洗面部即可。

◀产品特性▶

（1）本产品各中药原料搭配合理，原料间具有协同增效作用，具有调和气血、疏通经络、活血化瘀、滋养皮肤的功效，可有效解决黄褐斑、蝴蝶斑、老年斑等色素沉着引发的肌肤问题。

（2）本产品不含抗菌剂、防腐剂等化学添加剂，天然环保、无任何毒副作用。

配方6　补水蚕丝面膜

◀原料配比▶

原　料	配比（质量份）				
	1#	2#	3#	4#	5#
去离子水	68	71	66	71.5	67.1
甘油	9	8	8.5	8	8.6
卡波姆	0.2	0.15	0.3	0.15	0.26
黄原胶	0.2	0.3	0.3	0.2	0.25
丙二醇	5	6.5	6	5	6.25
透明质酸钠	0.2	0.25	0.1	0.1	0.1
三乙醇胺	0.1	0.3	0.25	0.1	0.12
甘油聚甲基丙烯酸酯	3.3	4	5	3	5.3
1,2-戊二醇	3.5	4.5	3	2.5	2.5
辛二醇	0.2	0.3	0.3	0.2	0.32
PEG-40 蓖麻油	0.06	0.05	0.06	0.03	0.04
玫瑰花提取物	7	7.4	7	6	6
北美金缕梅提取物	3	4	3.05	3.05	3
芦荟提取物	0.24	0.25	0.14	0.17	0.16

◀制备方法▶

（1）将去离子水和甘油加入乳化锅中，开动搅拌，打开蒸汽，加热至90℃；停止搅拌，加入卡波姆，高速均质2min，使物料分散均匀直至无颗粒；抽真空保温80℃左右消泡；将黄原胶、丙二醇和透明质酸钠混合均匀至无颗粒后，加入乳化锅中，搅拌2min后，高速均质，保持真空消泡；搅拌速度为20～25r/min。

（2）消泡后，加入三乙醇胺，打开冷却水开关，开始降温；再加入甘油聚甲基丙烯酸酯、1,2-戊二醇、辛二醇、PEG-40蓖麻油和玫瑰花提取物，搅拌混合均匀；添加组分和玫瑰花提取物在降温至60℃时加入。

（3）加入北美金缕梅提取物和芦荟提取物，搅拌均匀后，过滤出料；北美金缕梅提取物和芦荟提取物在降温至45℃时加入。用300目的滤布过滤。

（4）将上述出料附着在面膜层。

◀原料介绍▶　所述面膜层为蚕丝水刺无纺布。

◀产品应用▶　本品是一种补水蚕丝面膜。

◀产品特性▶　本品使用含丰富的矿物质及维生素的天然物提取物，温和无刺激，无副作用。甘油作为保湿剂，刺激上皮细胞的生长，促进伤口愈合，起消炎作用；卡波姆作为调节剂；三乙醇胺作为乳化剂；丙二醇作为分散剂；透明质酸钠作为保湿剂，以保持皮肤的水分，滋润皮肤，增加皮肤光泽，并能防止皮肤皲裂及皱纹的产生。

配方7　补水抗皱的面膜液

◀原料配比▶

原　料	配比（质量份）				
	1#	2#	3#	4#	5#
红花提取液	14	15	16	17	18
人参提取液	9	10	11	12	13
虾青素	1	1.3	1.5	1.7	2
鳄梨油	2	4	4	3	5
甜菜碱	0.3	0.5	0.5	0.4	0.6
卵磷脂	1	1.8	1.6	1.2	2
透明质酸	0.5	0.6	0.7	0.8	0.9
熊果苷	1.2	1.3	1.4	1.5	1.6
维生素C乙基醚	0.8	0.9	1	1.1	1.2
生育酚乙酸酯	0.4	0.5	0.6	0.7	0.8
瓜尔胶	2	4	3	3	5
甘油	1	1.7	1.3	1.1	2
光甘草定	1	1.9	1.7	1.3	2
去离子水	80	84	83	81	85

◀制备方法▶

（1）称取红花提取液、鳄梨油和熊果苷，投入磁力搅拌机中，磁力搅拌混合

40～50min，获得混合物 A。

（2）称取生育酚乙酸酯和光甘草定，加入混合物 A 中，继续磁力搅拌混合 50～60min，出料，获得混合物 B。

（3）称取人参提取液、虾青素和甜菜碱，投入磁力搅拌机中，磁力搅拌混合 25～30min，获得混合物 C。

（4）称取卵磷脂、透明质酸、维生素 C 乙基醚和瓜尔胶，投入混合物 C 中，继续磁力搅拌混合 40～45min，出料，获得混合物 D。

（5）称取甘油和去离子水，加入乳化锅中，在 60～70℃下均质处理 8～10min，获得混合物 E。

（6）保持步骤（5）中乳化锅的温度，将混合物 B 和混合物 D 投入混合物 E 中，均质处理 15～20min，即可。

◀原料介绍▶

所述红花提取液由以下方法制得：取红花，清洗，烘干，研末，加入 6～8 倍质量的乙醇水溶液，加热回流提取 50～60min，获得回流提取液和回流提取残渣，向回流提取残渣中加入 3～4 倍质量的乙醇水溶液，浸泡 10～15h，超声波处理 40～50min，获得超声波提取液和超声波提取残渣，将超声波提取液与回流提取液合并，减压蒸发浓缩为原体积的 15%～20%，即得红花提取液。

所述人参提取液由以下方法制得：取人参，清洗，烘干，研末，送入渗漉器中，用 12～15 倍质量的乙醇水溶液渗漉处理，获得渗漉液和渗漉残渣，向渗漉残渣中加入 4～6 倍质量的乙醇水溶液，浸泡 10～15h，超声波处理 40～50min，获得超声波提取液和超声波提取残渣，将超声波提取液与渗漉液合并，减压蒸发浓缩为原体积的 10%～15%，即得人参提取液。

所述乙醇水溶液的乙醇浓度为 50%。

◀产品应用▶ 本品是一种补水抗皱的面膜液。

◀产品特性▶ 本产品能够充分补充肌肤水分，深层保湿，提高肌肤的滋润度，增强皮肤弹性，使肌肤明显水润光滑，触感细腻。本品可以达到使肌肤抗皱除皱的效果，温和无刺激。

配方 8　深层补水面膜

◀原料配比▶

原　　料	配比（质量份）
樱花提取液	12
柠檬精油	17
桃花提取液	12
柚子精油	5
珍珠粉	16
牛奶	8
水	5

《制备方法》 将各组分原料混合均匀即可。

《产品应用》 本品是一种深层补水面膜。

《产品特性》 本品原料价格低廉，制作简单，补水效果好。

配方9 补水嫩肤面膜

《原料配比》

原　料	配比（质量份）								
	1#	2#	3#	4#	5#	6#	7#	8#	9#
甘油	3	5	5	10	5	5	5	5	5
丁二醇	3.5	1.5	4.5	3.5	3.5	3.5	3.5	3.5	3.5
深海鱼胶原蛋白肽	1	2.5	2.5	3	3	3	3.5	3.5	4
海藻糖	5	6	7	5	3	7	8	6	7
角鲨烷	0.6	0.9	0.75	0.9	0.05	0.9	0.6	0.6	2
透明质酸钠	0.15	0.45	2	0.45	0.6	0.3	0.6	0.3	0.45
丙二醇	2.5	1	2.5	5	2.5	2.5	2.5	2.5	2.5
黄原胶	0.02	0.35	0.13	0.13	0.13	0.13	0.13	0.13	0.13
氢化蓖麻油	0.15	0.15	0.15	0.15	0.02	0.15	0.15	0.35	0.45
聚山梨醇酯	0.1	0.1	0.1	0.1	0.1	0.02	0.1	0.5	2
苯氧乙醇	0.8	0.8	0.8	0.8	0.01	0.8	0.8	0.7	1
尼泊金甲酯	0.2	0.4	0.5	0.2	0.01	0.2	0.2	0.2	0.2
β-葡聚糖	0.1	0.1	0.5	0.1	0.1	0.1	0.1	2	0.1
葡萄籽提取物	0.015	0.02	0.015	0.015	0.01	0.015	0.015	0.5	0.015
芦荟提取物	0.01	0.35	0.55	0.35	1.5	3	0.35	2	0.35
甘草酸二钾	0.02	0.35	0.02	0.02	0.01	0.02	0.25	0.02	1
去离子水	加至100	加至100	加至100	加至100	加至100	加至100	加至100	加至100	加至100

《制备方法》

（1）取甘油、丁二醇、丙二醇和尼泊金甲酯，加入水中，加热至80～85℃，搅拌至完全溶解，并保持5～10min，得混合物1。

（2）将步骤（1）所得混合物1，在真空条件下，搅拌10～15min，搅拌过程中，加入黄原胶和海藻糖，使其分散均匀，得混合物2。

（3）取氢化蓖麻油、聚山梨醇酯和角鲨烷，混合，加热至80～85℃，在真空条件下，加入到步骤（2）所得混合物2中搅拌25～35min，搅拌温度80～85℃，得混合物3。

（4）将步骤（3）所得混合物3降温至40～45℃，加入深海鱼胶原蛋白肽、透明质酸钠、苯氧乙醇、β-葡聚糖、葡萄籽提取物、芦荟提取物和甘草酸二钾，真空搅拌，使其溶解完全，过滤，得产品。

《原料介绍》 所述芦荟提取物是干基芦荟多糖含量大于$800\mu g/g$，所述葡萄籽提取物中原花青素含量大于90%。

所述深海鱼胶原蛋白肽的分子量为200～1500，β-葡聚糖中酵母纯度为70%～80%。

《产品应用》 本品是一种补水嫩肤面膜。

《产品特性》 本产品使用深海鱼胶原蛋白肽配合葡萄籽提取物、β-葡聚糖和氢化蓖麻油、所得面膜具有低致敏性、无污染、无刺激和无人畜共患疾病病原等优点，不仅提高了相应鱼类的经济价值，而且可以降低环境污染；在海藻糖、芦荟提取物和透明质酸钠的辅助作用下，促进了皮肤对水分的吸收，有利于皮肤长时间保湿，提高了面膜液的保湿、润肤和延缓衰老的功效；本产品不使用乙醇，降低了面膜液对皮肤的刺激性，容易被面膜载体吸收，使用方便；本产品的制备方法简单，工艺流程短，操作温度低，条件温和，对设备没有特殊的要求，原料中的有效成分被彻底激活并得到了充分的保留，生产效率高，易于实现产业化。

配方 10　草菇泥面膜

《原料配比》

原　　料		配比(质量份)		
		1#	2#	3#
草菇泥		18	20	26
保湿剂		8	5	10
增黏剂		0.5	1	0.8
金属离子螯合剂	左旋维生素 C	3	—	—
	柠檬酸	—	8	10
防腐剂	苯氧乙醇	0.06	—	0.05
	桑普 K15	—	0.08	—
增白剂	传明酸	4	—	—
	熊果苷	—	2	—
	烟酰胺	—	—	3
营养添加剂	蚕丝蛋白粉	5	3	8
	胶原蛋白粉	5	—	—
	神经酰胺	—	3	—
去离子水		56.44	57.92	42.15
保湿剂	甘油	1	1	1
	丙二醇	0.1	0.2	0.2
	透明质酸钠	0.4	0.6	0.6
增黏剂	高分子纤维素	1	2	2
	汉生胶	1	1	1

《制备方法》

（1）将草菇泥与去离子水加热到 40～60℃保温 2～3h，然后冷却至室温得到草菇泥溶液；将保湿剂、金属离子螯合剂、防腐剂、增白剂与营养添加剂溶于去离子水中。

（2）加入草菇泥溶液继续搅拌，边搅拌边加入增黏剂和去离子水，搅拌均匀后得到草菇泥面膜。

《原料介绍》 所述草菇泥采用以下方法制备得到：

（1）草菇预处理：将草菇用 0.02％～0.04％碳酸氢钠溶液浸泡 2～4h，洗净后，捣碎。

（2）提取：步骤（1）捣碎的草菇占 10％～20％，加入 80％～90％去离子水，然后在 80～95℃进行提取，获得提取料液。

（3）根据步骤（2）中提取的料液量，称取料液量 0.1％～0.2％的结冷胶，将结冷胶用 15～25 倍去离子水进行溶胀处理得到结冷胶溶液，将溶胀后的结冷胶溶液加入步骤（2）获得的提取料液中，搅拌均匀获得草菇泥。

◀ 产品应用 ▶ 本品主要用于增加皮肤表皮水分，修复脸部创伤，具有美白、消炎、除皱的功效。

◀ 产品特性 ▶

（1）本品保湿性好，面敷 15min 后的皮肤水分含量增长率为 30％以上，而且能明显改善肤色、滋润肌肤、有效防止肌肤衰老、减少皱纹。该面膜所加辅料均具亲水或水溶性，易于皮肤吸收，用后直接用水洗净即可，使用方便。

（2）本品安全无刺激，长期使用没有依赖性，适合所有肌肤类型人群使用。

配方 11　滋润保湿面膜

◀ 原料配比 ▶

原　料	配比（质量份）			
	1#	2#	3#	4#
甘油	1	2	4	8
丙二醇	1	2	4	8
神经酰胺	1	2	3	5
吡咯烷酮羧酸钠	1	2	3	6
糖类同分异构体	0.1	0.2	0.5	0.9
透明质酸钠	0.2	0.3	0.5	0.9
吐温-80	1	2	3	6
吐温-20	1	2	3	6
酒精	1	2	5	9
植物精油	1	2	5	9
霍霍巴油	0.1	0.2	0.4	0.8
月见草油	0.1	0.2	0.4	0.8
生育酚	0.1	0.2	0.3	0.7
甘草酸二钾	0.1	0.2	0.3	0.7
尿囊素	0.1	0.2	0.4	0.7
己二醇	0.1	0.2	0.5	0.9
馨鲜酮	0.1	0.2	0.5	0.9
EDTA-2Na	0.1	0.2	0.5	0.9
柠檬酸	0.01	0.02	0.1	1
玫瑰纯露	加至 100	加至 100	加至 100	加至 100

（1）称取 A 相原料投入主锅锅内，加温至 75℃，搅拌至全部溶解，A 相原料包括柠檬酸、甘油、丙二醇、吡咯烷酮羧酸钠、糖类同分异构体、透明质酸钠、尿囊素、己二醇、馨鲜酮、EDTA-2Na、玫瑰纯露、甘草酸二钾；搅拌过程中加入适量柠檬酸，调节 pH 值保持 5～7。

（2）保温 15min 后降温至 40～50℃，称取 B 相原料慢慢加入主锅，搅拌 4～6min，B 相原料包括酒精、霍霍巴油、月见草油、生育酚。

（3）称取并加入 C 相原料搅拌 3min，C 相原料包括植物精油。

（4）加入 D 相原料搅拌均匀，抽真空，冷却至 30℃后过滤出料，D 相原料包括神经酰胺、吐温-80、吐温-20。

◀原料介绍▶　　所述的植物精油为佛手提取物、金黄洋甘菊提取物的混合物。

◀产品应用▶　　本品是一种滋润保湿面膜。

◀产品特性▶　　本品含有精心调制精油成分，再现肌肤青春能量，搭配多种保湿成分，给予肌肤水润滋养，让肌肤瞬间饱满新生，且不含香精、不含人工色素。

配方 12　高保水性的祛斑蚕丝面膜

◀原料配比▶

原　　料	配比（质量份）	
	1#	2#
水解霍霍巴蛋白	0.2	0.2
卵磷脂	3.6	3.6
增稠剂	1.2	1.2
甘油	4.3	4.3
山梨醇	2.4	2.4
甘草黄酮	1.2	1.2
柠檬酸钠	0.2	0.2
透明质酸钠	1.4	1.4
人寡肽-1	0.25	0.25
硬脂醇聚醚-20	0.7	0.7
正辛基三乙氧基硅烷	2.2	2.2
燕麦-β-葡聚糖	0.8	0.8
去离子水	加至 100	加至 100
甘油单硬脂酸酯	—	0.1

◀制备方法▶

（1）制备祛斑精华液：将配方中各组分溶于水，混合均匀，得到祛斑精华液。

（2）制备蚕丝基质。

桑蚕丝溶胀：取丝胶蛋白含量小于 3% 的桑蚕丝置于溴化锂的乙醇水溶液中浸泡 20～40min，然后取出溶胀后的桑蚕丝进行水洗至滤液无溴离子检出，然后放置于真空干燥器内干燥至恒重得膨松状桑蚕丝；所述溴化锂的乙醇水溶液按质量分数计算：溴化锂为 20%，乙醇为 60%，水为 20%，溴化锂可充分使桑蚕丝溶胀蓬松，利于下一步的改性，而且使制备出的蚕丝基质柔软性增强，可提高脸部与面膜的贴合性；本步骤中可以用 Ag^+ 检测溴离子是否去除干净。

桑蚕丝改性：将膨松状桑蚕丝置于含 2%～4% 的活化剂的乙醇水溶液中，在 30～50℃ 下超声浸渍活化 6～8h；然后加入氨基冠醚在超声条件下进行氨基化反应，反应 2h 后过滤，水洗后烘干得冠醚化桑蚕丝；所述氨基冠醚为 2-氨基甲基-15-冠-5、4′-氨基苯并-18-冠醚-6 或 4′-氨基苯并-15-冠醚-5。

梳理铺网：将所得冠醚化桑蚕丝采用罗拉式梳理机梳理成单纤维桑蚕丝，然后采用交叉铺网的方式进行铺网，最后通过水刺成型工艺制备出蚕丝无纺布，将蚕丝无纺布用模具冲压成脸谱形状即得蚕丝基质。

（3）将蚕丝基质浸渍在祛斑精华液中即可。

◀《原料介绍》▶　所述增稠剂为汉生胶、羧甲基羟乙基纤维素或卡波姆。

◀《产品应用》▶　本品是一种高保水性的祛斑蚕丝面膜。

◀《产品特性》▶

（1）本品对桑蚕丝用溴化锂的乙醇水溶液进行前处理，使制备出的蚕丝基质更加柔软，与皮肤的贴合性更好。

（2）本品采用氨基冠醚对桑蚕丝进行改性，使制备出的蚕丝基质保水性能和吸水性能大大提高，同时解决了后续桑蚕丝梳理过程中易产生静电、发生缠辊的问题。

（3）本品在冠醚化处理后，对桑蚕丝进行交联化处理，大大增强了其力学性能，使其具有了优异的抗拉伸变形的能力，方便梳理铺网等后续加工处理。

（4）本品采用甘油单硬脂酸酯作为添加剂，大大增强了祛斑精华液的稳定性，可以延长其货架期。

配方 13　黑木耳泥面膜

◀《原料配比》▶

原　　料		配比（质量份）		
		1#	2#	3#
黑木耳泥		15	25	20
保湿剂		8	5	10
增黏剂		0.5	1	0.8
金属离子螯合剂	左旋维生素 C	3	—	—
	柠檬酸	—	8	10
防腐剂	苯氧乙醇	0.06	—	0.05
	桑普 K15	—	0.08	—
增白剂	传明酸	4	—	—
	熊果苷	—	2	—
	烟酰胺	—	—	3
营养添加剂	神经酰胺	—	3	—
	蚕丝蛋白粉	5	3	8
	胶原蛋白粉	5	—	—
去离子水		59.44	52.92	48.15

续表

原　料		配比(质量份)		
		1#	2#	3#
保湿剂	甘油	1	1	1
	丙二醇	0.1	0.2	0.2
	丁二醇	0.15	0.05	0.05
	透明质酸钠	0.4	0.6	0.6
增黏剂	高分子纤维素	1	2	2
	汉生胶	1	1	1

◀制备方法▶　首先将黑木耳泥与去离子水加热到 $40\sim60℃$ 保温 $2\sim3h$，然后冷却至室温得到黑木耳泥溶液；将保湿剂、金属离子螯合剂、防腐剂、增白剂与营养添加剂溶于去离子水中，然后加入黑木耳泥溶液继续搅拌，边搅拌边加入增黏剂和去离子水，搅拌均匀后得到黑木耳泥面膜。

◀原料介绍▶　所述黑木耳泥采用以下方法制备得到：

(1) 黑木耳预处理：将黑木耳用 $0.02\%\sim0.04\%$ 碳酸氢钠溶液浸泡 $2\sim4h$，洗净后，捣碎。

(2) 提取：步骤 (1) 捣碎的黑木耳占 $10\%\sim20\%$，加入 $80\%\sim90\%$ 去离子水，然后在 $80\sim95℃$ 进行提取，获得提取料液。

(3) 根据步骤 (2) 中提取的料液量，称取料液量 $0.1\%\sim0.2\%$ 的结冷胶，将结冷胶用 $15\sim25$ 倍去离子水进行溶胀处理得到结冷胶溶液，将溶胀后的结冷胶溶液加入步骤 (2) 获得的提取料液中，搅拌均匀获得黑木耳泥。

◀产品应用▶　本品主要用于增加皮肤表皮水分，促进面部血液循环，降低面瘫发生率。本品具有美白、消炎、除皱的功效。

◀产品特性▶

(1) 本品保湿性好，面敷 $15min$ 后的皮肤水分含量增长率为 32% 以上，能明显改善肤色、滋润肌肤、有效防止肌肤衰老、减少皱纹。而且该面膜所加辅料均具亲水或水溶性，易于皮肤吸收，用后直接用水洗净即可，使用方便。

(2) 本产品安全无刺激，长期使用没有依赖性，适合所有肌肤类型人群使用。

配方 14　胶原蛋白保湿面膜

◀原料配比▶

原　料	配比(质量份)		
	1#	2#	3#
去离子水	64.7	62.5	55.2
芦荟提取液	3	4	8
积雪草提取物	1	0.5	0.5
七叶树提取物	1	0.5	0.5
胶原蛋白	4	4	5
水解胶原蛋白	3	2	5
海藻提取物	5	8	3
甘油	4	4	5

续表

原　料	配比(质量份)		
	1#	2#	3#
丙二醇	4	4	3
洋甘菊精油	0.2	1	0.5
洋甘菊提取物	2	2	4
燕麦-β-葡聚糖	2	3	4
PEG-40 氢化蓖麻油	0.1	0.5	0.3
丝瓜提取液	6	4	6

◀制备方法▶

(1) 将去离子水、芦荟提取液、积雪草提取物、七叶树提取物、洋甘菊提取物、丝瓜提取液混合后加入搅拌釜中匀速搅拌，搅拌速率为 300r/min，搅拌时间 30min，得到混合液 A。

(2) 在混合液 A 中加入丙二醇、海藻提取物、甘油、混合后加入加热容器中低温加热，加热温度为 35℃，加热时间为 15min，之后缓慢冷却至室温，得到混合物 B。

(3) 在混合物 B 中加入燕麦-β-葡聚糖、PEG-40 氢化蓖麻油、胶原蛋白、洋甘菊精油和水解胶原蛋白，混合后再次进行高速搅拌，搅拌速率为 800r/min，搅拌时间为 50min，之后静置 1h，即得到胶原蛋白保湿面膜。

◀产品应用▶　本品是一种胶原蛋白保湿面膜。

◀产品特性▶　本品制备方法简单，制得的面膜能够明显改善皮肤缺水现象，改善皮肤微循环，增强皮肤的保水效果，提高表皮水分含量，提高生物活性酶的活性，促进屏障脂质和天然保湿因子的合成。从根本上改善皮肤干燥的问题，平衡肌肤，使皮肤健康、恢复弹性。

配方 15　净化保湿面膜

◀原料配比▶

原　料	配比(质量份)			
	1#	2#	3#	4#
苦橙水	12	15	5	10
角鲨烷	3	4	1	2
天竺葵精油	1	0.5	1.5	0.6
迷迭香叶油	1.5	1.5	0.5	1.3
神经酰胺	1.2	0.5	1.7	1.5
尿囊素	0.35	0.5	0.4	0.3
维生素 B$_3$	3	6	2	4
胶原蛋白	1.75	0.5	2	1.85
氨基酸	5	3	0.5	4.5
棕榈酰五肽-3	4	2.5	6.5	4.5
丁二醇	9	16	8	12.5
丙二醇	18	12	20	15
去离子水	40.2	38.45	44.9	41.95

《制备方法》

（1）制备第一溶液：将天竺葵精油、迷迭香叶油、丙二醇按比例配制，混合均匀。

（2）制备第二溶液：胶原蛋白、棕榈酰五肽-3、维生素 B_3、神经酰胺、氨基酸和去离子水按比例配制，混合均匀。

（3）按比例称量苦橙水，加热溶解，将第一溶液加入到苦橙水中，搅拌均匀。

（4）将（3）中的组分降至室温，缓慢加入第二溶液，乳化均匀。

（5）按比例称量角鲨烷、丁二醇、尿囊素加入（4）溶液中，混合均匀，得到面膜精华液。

（6）按每张面膜载 25mL 所述面膜精华液的比例，取面膜精华液和面膜辅料按常规方法制成面膜。

（7）随机抽检，检验合格后，分装、贴标、密封。

《产品应用》 本品是一种净化保湿面膜。

《产品特性》

（1）本产品中含有的活性成分包括苦橙水、角鲨烷、天竺葵精油、迷迭香叶油、神经酰胺、尿囊素、维生素 B_3、胶原蛋白、氨基酸、棕榈酰五肽-3。其中，苦橙水具有疏通毛囊、调节皮肤油脂分泌的功能，天竺葵具有净化黏膜组织的功能，迷迭香叶油具有清洁毛囊和皮肤深层，并能够让毛孔更细小的功能，而角鲨烷、神经酰胺、尿囊素、维生素 B_3、胶原蛋白、氨基酸、棕榈酰五肽-3 这些活性成分都有提高肌肤的含水量和锁水功能。

（2）本产品使用时可以在净化肌肤的同时更好地吸收水分与养分，使用后无紧绷感，脸部滋润、柔嫩有光泽，同时能使毛孔明显变小。

配方 16　具有补水效果的面膜

《原料配比》

原　　料		配比（质量份）		
		1#	2#	3#
中药提取物	白附子	12	10	15
	白芷	4	3	5
	白蒺藜	5	4	7
	人参	1	1	2
	金银花	5	3	6
	何首乌	5	4	6
	当归	11	10	12
	乙醇水溶液	160	150	180
发酵产物	中药提取物	100	100	100
	水	140	120	150
	麦芽糖	21	20	22
	啤酒酵母	3	2	4

续表

原　　料		配比(质量份)		
		1#	2#	3#
改性苹果多酚	苹果多酚	20	20	20
	乙酸乙酯	50	50	50
	月桂酰氯	8	8	8
发酵产物		12	10	15
去离子水		40	30	45
吡咯烷酮羧酸钠		11	10	12
聚乙烯醇		5	4	6
甘油		14	12	16
聚氧乙烯失水山梨醇月桂酸酯		5	4	6
珍珠粉		11	10	12
改性苹果多酚		2	1	2
维生素 E		4	3	5
防腐剂	羟苯丙酯	0.15	0.1	0.2
香精	柠檬油	0.3	0.2	0.4

◀制备方法▶

(1) 取白附子、白芷、白蒺藜、人参、金银花、何首乌、当归,混合均匀后,加入乙醇水溶液进行回流提取,得到提取液,将提取液减压浓缩、喷雾干燥之后,得到中药提取物;回流提取的时间是 2~4h;温度在 75~80℃。

(2) 将中药提取物、水、麦芽糖、啤酒酵母混合后加入发酵罐内,调节 pH 值至 5.0±0.5,进行发酵,发酵结束后将发酵产物灭活处理;发酵过程参数是:在 35~40℃恒温下发酵 50~100h;灭活的参数是:90~100℃温度下灭活 30~100min。

(3) 将第 (2) 步得到的发酵产物、去离子水、吡咯烷酮羧酸钠、聚乙烯醇混合均匀,升温至 60~70℃,加入甘油、聚氧乙烯失水山梨醇月桂酸酯,混合均匀后,降温至 35~45℃,再加入珍珠粉、改性苹果多酚、维生素 E、防腐剂、香精,混合均匀,得到面膜基质。

(4) 将面膜基质涂于无纺布上后,得到面膜。

◀原料介绍▶ 所述的改性苹果多酚的制备方法是:在氮气气氛下,按质量份计,将苹果多酚 20 份溶解于 50 份乙酸乙酯中,再在 50℃条件下,滴加月桂酰氯 8 份,滴加完毕后,降温至 30℃继续反应 1h 后,蒸除乙酸乙酯,再加入体积分数为 90%的乙醇水溶液,升温至 40℃回流反应 0.5h,降温至室温之后,再加入乙醚进行萃取,乙醚层经过水洗之后,低温蒸除乙醚,干燥后,得到改性苹果多酚。

◀产品应用▶ 本品是一种具有补水效果的面膜。

◀产品特性▶ 本品采用的天然药材经过发酵工艺处理,有效地提高了中药成分的可吸收性,具有补水、护肤的功效。

配方 17　具有良好补水效果的中药面膜

◀原料配比▶

原　　料	配比（质量份）		
	1#	2#	3#
茯茶	15	20	17
黄柏	5	8	6
白芷	20	25	22
白芍	15	20	17
白茯苓	15	20	17
芦荟	8	12	10
可溶性淀粉	10	15	13
珍珠粉	3	5	4
枸杞粉	5	10	8
玫瑰粉	8	15	11
二氧化钛粉	6	10	8
蜂蜜	15	20	18
橄榄油	7	11	9
丙三醇	10	15	12
水	30	45	38
防腐剂	1	2	2

◀制备方法▶　将各组分原料混合均匀即可。

◀原料介绍▶　所述的防腐剂采用羟基苯甲酸甲酯或尼泊金酯。

所述的珍珠粉、枸杞粉、玫瑰粉和二氧化钛粉的粒度为 800～1000 目。

◀产品应用▶　本品适用于各类肤质，能平衡油脂分泌，给肌肤天然的营养，具有良好的祛皱美白，保湿润肤、防护和改善肌肤等功效。

◀产品特性▶　本产品采用纯天然的植物、中药制得，摒弃了大部分的化学产品，使得面膜的使用更加安全，适合各类肤质。本品能平衡油脂分泌，给肌肤天然的营养，具有良好的祛皱美白、保湿润肤、防护和改善肌肤等功效。

配方 18　抗皱保湿 EGF 面膜

◀原料配比▶

原　　料	配比（质量份）	
	1#	2#
透明质酸	0.05	1
天麻多肽	0.05	0.5
茯苓多肽	0.05	0.5
橘皮微粉	0.05	0.5

原　　料	配比（质量份）	
	1#	2#
酯化酶复合菌液	0.03	0.05
海参胶原蛋白肽	0.08	0.5
红景天苷	0.08	0.5
柚皮素	0.05	0.5
维生素 B	0.05	0.5
熊果苷	0.05	0.5
尿囊素	0.5	1
甘油	1.5	2
丙二醇	2.5	3
水	加至 100	加至 100

◀制备方法▶　称取配方组分的各原料，将透明质酸、天麻多肽、茯苓多肽、橘皮微粉、酯化酶复合菌液、海参胶原蛋白肽、红景天苷和柚皮素均单独用脂质体包埋或纳米微胶囊包裹，然后置于 55～65℃ 水浴中恒温 30min，恒温结束后将透明质酸、天麻多肽、茯苓多肽、橘皮微粉、酯化酶复合菌液、海参胶原蛋白肽、红景天苷和柚皮素与维生素 B、熊果苷、尿囊素、甘油、丙二醇及水进行混合，缓缓搅拌并自然降温至室温，得到本品 EGF 面膜。

◀原料介绍▶　所述天麻多肽的制备方法如下：

（1）采集新鲜天麻的块茎、花茎、花或果实（或者采用块茎、花茎、花和果实的混合物），将其在太阳下晾晒半天，然后统一收集，放入水中浸泡 30min 左右，其中每 500g 水中加入白酒 30g、食盐 20g、苹果醋 15g、姜汁 30g、大豆分离蛋白 15g、皂素 10g、洋葱提取物 8g、车前子提取物 5g、荆芥提取物 3g；采用上述方法进行清洗能够有效清除天麻块茎表面的杂物、病菌等。

（2）将清洗干净的天麻的块茎、花茎、花或果实捞出沥干表面水分，置于低温冷风干燥机中，冷风温度 5～10℃，冷风干燥 15min，再将其切碎，得到碎料待用。

（3）将碎料采用杀青机进行杀青，设备要求清洁卫生，杀青温度在 175～185℃，杀青时间在 5～8min。

（4）将杀青后的碎料取出，送入低温冷冻设备，在 -22～-15℃ 环境下低温处理 4h，然后再进行超微粉碎，过 100～400 目药筛，将碎料湿润至含水量 40%～42% 左右，得到湿润料。

（5）将湿润料送入微波处理设备中，于微波频率 2450MHz、功率 500W 下间隔微波处理，间隔时间为 5min，每次微波处理 10min，连续进行 3～4 次。

（6）取微波处理后的湿润料按质量比 1（湿润料）:（12～18）（水）左右加水，于 75℃ 水浴中浸泡 1.5h，然后加入木瓜蛋白酶搅拌均匀并保持温度在 40～60℃ 浸提

1～4h,得到提取液待用;其中木瓜蛋白酶的加入量为湿润料质量的0.1%～1%。

(7) 取上述提取液,利用循环水式多用真空泵进行真空抽滤,得到抽滤后的肽液。

(8) 对原料肽液进行真空喷雾干燥,收集干燥物即为天麻多肽。

所述茯苓多肽的制备方法如下:

(1) 采收新鲜茯苓,洗净后切块,送入低温冷风干燥设备中进行烘干处理,至水分含量在40%左右,烘干温度控制在35～45℃。

(2) 将烘干后的茯苓块送入揉搓机进行揉搓处理,连续揉搓20min,取出送入低温环境下进行低温处理,温度控制在0～5℃之间,处理60～80min。

(3) 将低温处理后的茯苓块送入滚揉机进行滚揉处理,滚揉时每隔5～8min抽真空一次,每次抽真空后滚揉5～10min,然后排真空,如此循环2～4次。

(4) 将滚揉处理后的茯苓块进行超微粉碎,过100～400目药筛,在-15℃环境下冷冻40min,取出加水搅拌,至茯苓粉末的含水量在40%～42%左右,得到湿润料。

(5) 将湿润料送入微波处理设备中,于微波频率2450MHz、功率500W下间隔微波处理,间隔时间为5min,每次微波处理10min,连续进行3～4次。

(6) 取微波处理后的湿润料按质量比1(湿润料):(12～18)(水)左右加水,于75℃水浴中浸泡1.5h,然后加入木瓜蛋白酶搅拌均匀并保持温度在40～60℃浸提1～4h,得到提取液待用;其中木瓜蛋白酶的加入量为湿润料质量的0.1%～1%。

(7) 取上述提取液,利用循环水式多用真空泵进行真空抽滤,得到抽滤后的肽液。

(8) 对原料肽液进行真空喷雾干燥,收集干燥物即为茯苓多肽。

所述酯化酶复合菌液的制备方法如下:

(1) 从老窖泥中筛选出优质窖泥20g,于68～69℃热处理10min,制作成酯化酶菌种纯化液。

(2) 配制培养基,并灭菌处理,培养基由以下质量分数的组分制成:优质窖泥1.5%,花生粕0.5%,酒糟粉2%,富硒酵母粉0.2%,大曲粉0.8%,鳝鱼骨粉2%,蚯蚓粉2%,乙酸钠0.3%,硫酸铵0.02%,硫酸镁0.04%,无水乙醇2%,磷酸镁0.05%,磷酸氢二钾0.2%,去离子水88.39%。

(3) 一级筛选,将上述纯化液以30%的接种量接种到配制好并灭菌后的培养基,在恒温培养箱内保持30～40℃培养7～8天,得到一级种子液。

(4) 二级筛选,将一级种子液以22.5%的接种量接种到配制好并灭菌后的培养基,在恒温培养箱内保持30～40℃培养7～8天,得到二级种子液。

(5) 三级筛选,将二级种子液以16%的接种量接种到配制好并灭菌后的培养基,在恒温培养箱内保持30～40℃培养7～8天,得到三级种子液。

(6) 将筛选出的旺盛的三级种子液再进行常规扩大培养即可得到生产用的酯化

酶菌液。将酯化酶复合菌液直接应用到化妆品中，可以提高化妆品的自然香味，消除其他有害成分对皮肤的损伤。

◀产品应用▶　本品是一种抗皱保湿 EGF 面膜。

◀产品特性▶

（1）本品加入的天麻多肽、茯苓多肽等小分子肽，均是从植物中提取分离出的活性因子，是由两个以上氨基酸链合而成的蛋白多肽，这种活性多肽能够深入皮肤细胞，快速补充皮肤细胞养分，直接激活皮肤细胞，达到深层修复、促进细胞代谢、激活细胞活力的效果。

（2）本品对皮肤无刺激性，使用后明显感到舒适、柔软，无油腻感，具有明显的保湿、抗皱效果，对皮肤具有良好的滋润嫩滑、美白美容的效果。

（3）本品在传统成分中加入多种小分子活性肽，能够快速被皮肤吸收，修复日光和氧化造成的皮肤老化损伤，达到收紧皮肤、平缓皱纹、消除眼袋、恢复皮肤的弹性和光泽的多重效果。本品的制备通过将几种原料成分分组分步处理，工艺稳定，设备简单，易于操作，同时避免了高温对有效活性成分的破坏，产品质量好，适用于批量化生产。

配方 19　可食用面膜

◀原料配比▶

原　　料		配比（质量份）
面膜	乳清蛋白	5
	胶原蛋白	1
	琼脂糖	1
	透明质酸钠	0.2
	丙三醇	25
	去离子水	加至 100
泡膜液	维生素 C	10
	柠檬烯	0.025
	去离子水	加至 100

◀制备方法▶

（1）将蛋白、透明质酸钠分别用去离子水溶解充分水合后得到质量分数为 1%～25% 的溶液。

（2）将多糖溶解在去离子水中，经加热充分溶解，得到多糖溶液。

（3）在 65～75℃ 水浴环境中，将蛋白溶液、透明质酸钠溶液及丙三醇加入到多糖溶液中，缓慢搅拌混合均匀，得到面膜液；缓慢搅拌的目的是使蛋白质分子能与多糖分子等充分混匀形成稳定的网络结构，同时防止成膜液中混入过多的气泡。

（4）保持面膜液温度，采用流延法（即将成膜液沿料液斗流入磨具中，使成膜

液在表面张力的作用下形成光滑的面膜）将面膜液转移至模具中，控制铺膜厚度为0.15～0.2g/cm²，21～25℃放置10～30min，待膜完全冷却成型后小心将膜揭下，浸泡于泡膜液中。

(5) 在超净环境中将浸泡于泡膜液中的面膜用紫外线照射25～35min。

《产品应用》 本品是一种可食用的美容面膜。

《产品特性》 本品所有原料均为食品级，无毒副作用，可食用且具有营养价值，产品的微生物、重金属等指标均符合国家食品和化妆品标准。面膜中各组分经过合理的质量配比，外敷肤感柔软舒适、贴合度好，具有保湿、美白、抗辐射的功效，可以使皮肤更加光滑白皙富有弹性。

配方 20 亮颜补水面膜

《原料配比》

原　料	配比（质量份）		
	1#	2#	3#
去离子水	20	25	30
芦荟浸泡液	10	15	20
松茸萃取物	10	11	12
玫瑰花瓣萃取物	8	9	10
橄榄叶萃取物	5	7	8
柚果萃取物	5	7	8
葡萄籽萃取物	4	5	6
冬瓜萃取物	2	4	5
绿茶萃取物	2	4	5
薰衣草精油	10	10	10
藏红花萃取物	4	4	4
大豆萃取物	4	4	4

《制备方法》 首先将松茸萃取物、玫瑰花瓣萃取物、橄榄叶萃取物、柚果萃取物、葡萄籽萃取物、冬瓜萃取物、绿茶萃取物、藏红花萃取物、大豆萃取物加入去离子水中，搅拌均匀，再一边搅拌一边向混合物中缓慢加入芦荟浸泡液和薰衣草精油，最后再搅拌均匀即得。

《产品应用》 本品是一种亮颜补水面膜。

使用时，先将面部清洁干净，然后将所得面膜涂于面部或者涂于面膜纸上再敷于面部，15～20min后将面部清洗干净。

《产品特性》

(1) 本产品纯植物配方，原料来源广，安全无毒副作用，对皮肤无刺激，通过合理配伍，使各原料发挥最大功效。

(2) 本产品舒缓肌肤、抗氧化抗衰老，改善皮肤粗裂、黯淡，美白补水的功效更加显著。

配方 21　灵芝泥面膜

◀原料配比▶

原　　料		配比（质量份）		
		1#	2#	3#
灵芝泥		15	20	10
保湿剂		8	5	10
增黏剂		0.5	1	0.8
金属离子螯合剂	左旋维生素C	3	—	—
	柠檬酸	—	8	10
防腐剂	苯氧乙醇	0.06	—	0.05
	桑普K15	—	0.08	—
增白剂	传明酸	4	—	—
	熊果苷	—	2	—
	烟酰胺	—	—	3
营养添加剂	神经酰胺	—	3	—
	蚕丝蛋白粉	5	3	8
	胶原蛋白粉	5	—	—
去离子水		59.44	57.92	58.15
保湿剂	甘油	1	1	1
	丙二醇	0.1	0.2	0.2
	透明质酸钠	0.4	0.6	0.6
增黏剂	高分子纤维素	1	2	2
	汉生胶	1	1	1

◀制备方法▶　首先将灵芝泥与去离子水加热到 40～60℃保温 2～4h，然后冷却至室温得到灵芝泥溶液；将保湿剂、金属离子螯合剂、防腐剂、增白剂与营养添加剂溶于去离子水中，然后加入灵芝泥溶液继续搅拌，边搅拌边加入增黏剂和去离子水，搅拌均匀后得到灵芝泥面膜。

◀原料介绍▶　所述灵芝泥采用以下方法制备得到：

（1）灵芝预处理：将灵芝用 0.04%～0.08%碳酸氢钠溶液浸泡 2～4h，洗净后，捣碎。

（2）提取：取步骤（1）捣碎的灵芝 10%～20%，加入 90%～80%去离子水，然后在 80～95℃进行提取，获得提取料液。

（3）根据步骤（2）中提取的料液量，称取料液量 0.1%～0.2%的结冷胶，将结冷胶用 15～25 倍去离子水进行溶胀处理得到结冷胶溶液，将溶胀后的结冷胶溶液加入步骤（2）获得的提取料液中，搅拌均匀获得灵芝泥。

◀产品应用▶　本品是一种灵芝泥面膜。

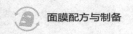

（1）本品保湿性好，面敷 15min 后的皮肤水分增长率为 37％以上，能明显改善肤色、滋润肌肤、有效防止肌肤衰老、减少皱纹。而且该面膜所加辅料均具亲水或水溶性，易于皮肤吸收，用后直接用水洗净即可，使用方便。

（2）本产品安全无刺激，长期使用没有依赖性，适合所有肌肤类型人群使用。

配方 22　苜蓿叶蛋白保湿面膜

《原料配比》

原　　料	配比（质量份）		
	1#	2#	3#
羧甲基纤维素钠	10	10	10
去离子水	100	100	100
苜蓿叶蛋白液	6	8	7
山梨酸钾	2	2	2
珍珠粉	1	3	3
黄瓜汁	0.3	0.5	0.4
蜂蜜	2	3	3
戊二醛	2	2	2
甘油	0.2	0.4	0.3

《制备方法》

（1）取现蕾期的苜蓿叶清洗后，进行组织匀浆得到匀浆液。

（2）将匀浆液过滤，取清液进行发酵处理，向清液中接种乳酸杆菌液，使得每毫升清液中含 $10^7 \sim 10^9$ 个乳酸杆菌，密封置于 30～39℃条件下发酵 8～10h，得到发酵产物。

（3）将步骤（2）得到的发酵产物以 3000r/min 的转速持续离心 8～12min，取底部沉淀用 pH 值为 7.2、浓度为 0.1mol/L 的磷酸缓冲液溶解，即为苜蓿叶蛋白液。

（4）将羧甲基纤维素钠加入去离子水中，搅拌制成透明黏稠状物质。

（5）向苜蓿叶蛋白液中加入山梨酸钾、珍珠粉、黄瓜汁混合均匀得混合液Ⅰ。

（6）将混合液Ⅰ、蜂蜜、戊二醛、甘油依次加入到步骤（4）制备得到的透明黏稠状物质中，采用超声波辅助的方法混合均匀得到面膜液。

（7）将面膜液 30mL 浸泡干的织布面膜片 1h，即得养颜面膜。

《产品应用》　本品是一种苜蓿叶蛋白保湿面膜。

《产品特性》

（1）本产品中的苜蓿叶蛋白对紫外线造成的皮肤损伤具有良好的修复作用，能大幅度提高角质层的代谢速度、修复受损细胞、减少皮肤皱纹和增加皮肤弹性。

（2）经过乳酸杆菌发酵的苜蓿叶蛋白液与皮肤有极好的吸附性和相容性，同时胶原水解物多肽链中含氨基、羟基等亲水基团，对人体皮肤具有保湿作用。

配方 23 沙棘果保湿修护面膜

《原料配比》

原　料	配比（质量份）		
	1#	2#	3#
水	77.8	75	78
丙二醇	5	5	6
透明质酸钠	5	5	6
甘油	4	4	5
沙棘果油	3	3	5
玉米谷蛋白氨基酸类	2	2	3
β-葡聚糖	2	2	3
寡肽-1	0.5	0.4	0.5
丙烯酸钠/丙烯酰二甲基牛磺酸钠共聚物	0.25	0.2	0.25
尿囊素	0.15	0.15	0.2
卡波姆	0.1	0.1	0.2
三乙醇胺	0.1	0.05	0.1
双（羟甲基）咪唑烷基脲	0.1	0.05	0.1

《制备方法》

（1）按水 75～78 份、丙二醇 5～6 份、透明质酸钠 5～6 份、甘油 4～5 份、沙棘果油 3～5 份、玉米谷蛋白氨基酸类 2～3 份、β-葡聚糖 2～3 份、寡肽-1 0.4～0.5 份、丙烯酸钠/丙烯酰二甲基牛磺酸钠共聚物 0.2～0.25 份、尿囊素 0.15～0.2 份、卡波姆 0.1～0.2 份、三乙醇胺 0.05～0.1 份、双（羟甲基）咪唑烷基脲 0.05～0.1 份的比例称量各原料，并分别置于消毒洁净后的器皿中。

（2）将水、丙二醇、甘油、透明质酸钠、卡波姆、玉米谷蛋白氨基酸类、尿囊素加入消毒后的乳化锅中，搅拌升温至 85～90℃，均质溶解完全后继续保温搅拌 30～40min。

（3）将沙棘果油与丙烯酸钠/丙烯酰二甲基牛磺酸钠共聚物常温下混合均匀，然后加入乳化锅中，开动均质 3～5min。

（4）将乳化锅降温至 55℃，加入三乙醇胺，搅拌均匀。

（5）将乳化锅降温至 45℃，加入 β-葡聚糖、寡肽-1、双（羟甲基）咪唑烷基脲，搅拌均匀。

（6）将乳化锅降温至 38℃，取小样检测合格后出料并灌装。

《产品应用》　本品是一种沙棘果保湿修护面膜。

《产品特性》　使用本产品的面膜后，皮肤水分相对值从 120 提升至 135 左右，相较于普通保湿面膜效果提升了 1 倍，且随着时间的延长，水分相对值仍能保持相对稳定，说明皮肤的自身锁水能力得到了很大的提升；相较于使用前，皮肤明显变得更加细腻，毛孔也得到了细化，皮肤亮度也有了明显的提升；使用 15 天后，细纹数量就有了明显的减少，细纹深度也有一定的降低，平均可以减少20%的细纹数量。

配方24 深度补水面膜液

◀原料配比▶

原　料	配比(质量份)		
	1#	2#	3#
尿囊素	0.1	0.1	0.1
黄原胶	0.15	0.15	0.15
甘油	4	4	4
丁二醇	3	3	3
透明质酸钠	0.03	0.03	0.03
羟乙基尿素	1	1	1
山梨醇	2	2	2
甘草根提取物	0.1	0.5	1
石榴果皮提取物	0.1	0.5	1
酵母氨基酸类	0.1	0.1	0.1
大豆多肽	0.05	0.05	0.05
碘丙炔醇丁基氨甲酸酯	0.02	0.02	0.05
双咪唑烷基脲	0.2	0.2	0.2
香精	0.5	0.5	0.5
去离子水	88.65	87.65	86.65

◀制备方法▶

（1）对所用生产设备进行清洗消毒，按配方准确称量各组分。

（2）在无菌条件下，将尿囊素、黄原胶、透明质酸钠加入搅拌罐，再加入羟乙基尿素，最后加入甘油、丁二醇，缓慢加入去离子水，于80℃搅拌至完全溶解、透明，保温10min灭菌，得到混合物1。

（3）在无菌条件下，使步骤（2）所述的混合物1降温至50℃，并在50℃下，边搅拌混合物1边缓慢加入山梨醇、甘草根提取物、石榴果皮提取物、酵母氨基酸类、大豆多肽，继续搅拌混合至完全溶解，制得混合物2。

（4）在无菌条件下，使步骤（3）所述的混合物2降温至40℃，并在40℃下，向混合物2加入碘丙炔醇丁基氨甲酸酯、双咪唑烷基脲、香精，搅拌均匀，制得混合物3。

（5）检测混合物3的pH值，用浓度为10%的柠檬酸溶液或三乙醇胺溶液调节pH值为6.2～6.8。

（6）理化指标检验合格后，35℃出料。

◀产品应用▶ 本品是一种深度补水面膜液。

◀产品特性▶ 本产品中采用的甘草根提取物具有美白亮肤的功效；石榴果皮提取物有抗氧化的作用；透明质酸钠和羟乙基尿素有非常好的补水和保湿作用；尿囊

素可以起到促进角质层修复的作用。本面膜液被面膜吸附后敷在面部可以对肌肤进行深度保湿补水，滋润脸部肌肤，且吸收快、无黏稠感。

配方 25 桃胶保湿凝胶面膜

◀原料配比▶

原　　料		配比（质量份）	
		1#	2#
保湿凝胶基质	卡波姆 940	0.5	0.5
	羧甲基纤维素	0.05	0.05
	甘油	5（体积）	5（体积）
	苯氧乙醇	0.2	0.2
	去离子水	94.25	94.25
O/W 型乳液	亚麻籽油	4	4
	霍霍巴油	4	4
	橄榄油	4	4
	小麦胚芽油	1	1
	维生素 E	1	1
	单硬脂酸甘油酯	2	2
	硬脂酸(EO)9 酯	3	3
	桃胶多糖提取物	5	—
	甘草提取物	2	2
	当归提取物	1	1
	白茯苓提取物	1	—
	芦荟提取物	0.5	0.5
	藁本提取物	0.5	—
	甘油	3	3
	透明质酸	0.05	0.05
	小麦乳化剂	4	4
	防腐剂	0.2	0.2
	去离子水	68.75	73.75

◀制备方法▶

（1）制备桃胶多糖提取物：用碱水解的方式获得桃胶多糖提取物。

（2）配制保湿凝胶基质：将卡波姆 940、羧甲基纤维素、甘油、防腐剂、去离子水混合，加 pH 调节剂调节 pH 值至 5.5～7.0，将混合液搅拌调至凝胶状态。

（3）配制 O/W 型乳液：A 相，将亚麻籽油、霍霍巴油、橄榄油、小麦胚芽油、维生素 E 和乳化剂混合；B 相，将桃胶多糖提取物、甘草提取物、当归提取物、白茯苓提取物、芦荟提取物、藁本提取物、甘油、透明质酸、小麦乳化剂、防腐剂和去离子水混合；将 A 相和 B 相均加热至 50～60℃，将 A 相倒入 B 相，放入均质机内常温均质 10min，制得 O/W 型乳液。

（4）将步骤（2）制备的保湿凝胶基质与步骤（3）制备的 O/W 型乳液按照 6：4 比例混合，放入均质机均质 10min，即制得桃胶保湿凝胶面膜。

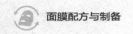

◀产品应用▶　本品是一种桃胶保湿凝胶面膜。

◀产品特性▶　本品保湿效果良好且对皮肤炎症有治疗效果，能够为痘疮型肌肤补充水分，同时又具有消炎作用。

配方26　天然营养保湿面膜

◀原料配比▶

原　　料	配比(质量份)			
	1#	2#	3#	4#
柑橘花提取物	5	10	15	20
柑橘花挥发油	0.2	0.2	0.2	0.2
茶树花提取物	5	5	10	10
蜂胶提取物	0.5	1	10	1
去离子水①	25(体积)	20(体积)	30(体积)	40(体积)
假酸浆籽提取液	60	45	30	15
1mol/L氯化钙溶液	4(体积)	3(体积)	2(体积)	1(体积)
去离子水②	加至100	加至100	加至100	加至100

◀制备方法▶　将柑橘花提取物、柑橘花挥发油、茶树花提取物、蜂胶提取物按比例混合获得混合物，第一次加入去离子水①，所述第一次加入去离子水的体积与混合物的质量比为（2～5mL）∶1g，然后在25～60℃静置溶胀0.5～2h，再匀浆制成乳液；按比例加入假酸浆籽提取液，在搅拌下加入1mol/L氯化钙溶液及第二次加入去离子水②，所述第二次加入去离子水的量为按比例剩余所需加入的去离子水，均质；制成乳膏状，即得天然营养保湿面膜。

◀原料介绍▶　所述柑橘花提取物及柑橘花挥发油的制备方法为：柑橘花，淋洗，沥干，用醇水溶液作为溶剂提取1～4次，提取完成后固液分离，获得提取残渣与提取液，对提取液采用三级短程蒸馏处理。第一级短程蒸馏回收溶剂并除去一部分杂质，第二级短程蒸馏收集挥发油，第三级短程蒸馏除去另一部分杂质，蒸馏处理后获得蒸馏残液，蒸馏残液与提取残渣合并，匀浆后干燥，即得柑橘花提取物。所述柑橘花为芸香科柑橘属植物的鲜花和/或干花。所述醇水溶液为浓度≥90%的乙醇水溶液，所述乙醇水溶液的体积与柑橘花质量比为5～15mL/g。所述三级短程蒸馏采用薄膜蒸发器。第一级短程蒸馏的条件为：压强30～33Pa，柱温度60～65℃，冷凝温度18～20℃，刮膜转速300r/min；第二级短程蒸馏的条件为：压强30～33Pa，柱温度85～90℃，冷凝温度18～20℃，刮膜转速250～350r/min；第三级短程蒸馏的条件为：压强30～33Pa，柱温度135～140℃，冷凝温度25～28℃，刮膜转速250～350r/min。第一级短程蒸馏除去的一部分杂质为萜烯类物质，第三级短程蒸馏除去的另一部分杂质为香豆素、蜡质等，所得蒸馏残液中保留花中类黄酮及果胶等水溶性成分。

所述柑橘花为酸橙、甜橙、柚、柠檬的鲜花和/或干花。

所述茶树花提取物的制备方法为：茶树花，淋洗，沥干，杀青，干燥，加入非极性有机溶剂脱脂；减压蒸馏除去原料中的非极性有机溶剂，粉碎即得茶树花提取物，所述茶树花为山茶科山茶属植物的鲜花和/或干花。所述杀青温度为70～100℃，杀青时间为15～60s。所述加入非极性有机溶剂脱脂的具体操作为：以非极性有机溶剂对茶树花进行回流提取，提取次数为1～2次，每次提取的时间为0.5～1h，所述非极性有机溶剂的体积与茶树花质量比为5～15mL/g。

所述非极性有机溶剂为石油醚、环己烷中的一种。

所述茶树花为茶树、油茶或山茶的鲜花和/或干花。

所述假酸浆籽提取液的制备方法为：将假酸浆籽漂洗、沥干、用纱布包好后置于去离子水中，调节pH值至8.0～9.0，反复挤压纱布包提取0.5～2h，提取完后，取出纱布包，获得提取液，所述去离子水的体积与假酸浆籽质量比为4～20mL/g。将上述纱布包再次置于去离子水中，按上述提取方式重复提取1～3次，合并提取液，并将pH值调节至1.5～2.5，在55～70℃下保温0.5～2h使其水解，获得水解液。水解液过20～50nm孔径陶瓷膜，收集分子量2万～6万之间组分，并浓缩至原体积1/8～1/6，即得假酸浆籽提取液。所用的假酸浆籽为茄科假酸浆属植物假酸浆的种子，其种子中含有5%～10%的多糖。

所述蜂胶提取物的制备方法为：取蜂胶，以95%食用乙醇萃取1～3次，萃取液合并后减压蒸馏除去溶剂。剩余物以石油醚脱脂，分液收集水相，真空干燥后粉碎，得粉末状物质即为蜂胶提取物，所述95%食用乙醇的体积与蜂胶的质量比为5～20mL/g。

◀产品应用▶ 本品是一种可营养血管、祛红血丝，兼具保湿锁水效果的天然营养保湿面膜。

◀产品特性▶ 本品外观柔滑、结构稳定、应用方便，具有较好的触变性、延展性及附着性；营养血管、祛除红血丝效果显著；吸水保湿性好，营养护肤功效卓越；柔软肌肤，缓解皮肤老化；产品天然健康、温和无刺激，无毒副作用。

配方 27　仙人果膏状面膜

◀原料配比▶

原　　料	配比（质量份）	
	1#	2#
仙人果	20	25
干玫瑰花	5	3
新鲜茉莉根	3	4
新鲜茅草根	6	7
冬瓜籽	5	6
去离子水	适量	适量

◀制备方法▶

（1）按配方比例称取各组分原料。

（2）将新鲜茉莉根和新鲜茅草根用清水冲洗干净，除去杂质，再用温水冲洗2～3遍，然后放入去离子水中浸泡1～2h。

（3）将浸泡好的茉莉根和茅草根取出按配方比例切碎、榨汁，过滤，收集滤液，将收集的滤液在40～60℃的水浴中加热30～40min，待用。

（4）先将仙人果洗净，然后在无菌室中进行果皮分离，将果肉打浆，灭菌，得到仙人果果肉浆料。

（5）将冬瓜籽去杂后研磨成超细粉，得到冬瓜籽超细粉，待用。

（6）将干玫瑰花去杂后研磨成超细粉，得到玫瑰花超细粉，待用。

（7）将上述步骤（3）～（6）所得的物料混合，并加入适量的去离子水充分搅拌，得到膏状面膜料，采用巴氏杀菌消毒。

（8）将步骤（7）杀菌后的膏状面膜料分装到包装盒里，封膜，快速放入−25～−20℃的环境下，速冻10～12h，速冻完成后，取出，放入0～1℃的环境下密封冷藏。

◀产品应用▶ 本品是一种具有补水、抗皱、改善皮肤的血液循环，美白、细嫩皮肤的仙人果膏状面膜。

使用方法：先用温水清洁面部，然后在脸上补上适量的爽肤水，脸部肌肤含水量越高，吸收效果越好，待脸上水分吸收后，开始涂抹面膜，因为脸各部位的温度不一样，从脸部温度低的地方开始，先涂抹脸颊，再到额头，再到鼻子，然后到下巴，如果担心脸部和脖子的肤色不一样的话，可以连脖子一起涂抹。涂抹式面膜要注意涂抹的时候厚度一致，不要涂抹得太厚，影响肌肤呼吸，也不要太薄，要正常盖住毛孔，看不见脸部肌肤为宜。涂抹完成后，让面膜在脸部停留15～20min，然后用温水洗净，即可。

◀产品特性▶ 本品配方科学，原料为纯天然成分，不含有任何化学防腐剂，使用时不会有任何副作用，适合任何一种皮肤使用，具有非常好的保湿、美白、抗皱、祛痘痕的效果，无毒副作用及不良反应，安全可靠。

配方 28　小麦胚芽补水润白面膜

◀原料配比▶

原　料	配比（质量份）		
	1#	2#	3#
小麦胚芽提取液	10	15	20
柠檬精油	20	15	20
桃花提取液	10	12	10
柚子精油	12	10	20
珍珠粉	20	25	15
牛奶	15	10	10
去离子水	13	13	5

◀制备方法▶

（1）按配方称取各原料。

（2）在反应釜中加入小麦胚芽提取液、柠檬精油、桃花提取液、柚子精油、珍珠粉、牛奶、去离子水，加热混合。

（3）在反应釜中加入无纺布。

（4）将沾染均匀的反应釜中的无纺布通过辐射辐照灭菌，包装即可。

◀产品应用▶　本品是一种小麦胚芽补水润白面膜。

◀产品特性▶　本品采用小麦胚芽作为主要原料，其对人体皮肤的养护和美白性能更好地促进皮肤对水分的吸收。原料价格低廉，制作简单，补水效果好。

配方 29　杏鲍菇泥面膜

◀原料配比▶

原　料		配比（质量份）		
		1#	2#	3#
杏鲍菇泥		15	20	10
保湿剂		8	5	10
增黏剂		0.5	1	0.8
金属离子螯合剂	左旋维生素 C	3	—	—
	柠檬酸	—	8	10
防腐剂	苯氧乙醇	0.06	—	0.05
	桑普 K15	—	0.08	—
增白剂	传明酸	4	—	—
	熊果苷	—	2	—
	烟酰胺	—	—	3
营养添加剂	神经酰胺	—	3	—
	蚕丝蛋白粉	5	3	8
	胶原蛋白粉	5	—	—
去离子水		59.44	57.92	58.15
保湿剂	甘油	1	1	1
	丙二醇	0.1	0.2	0.2
	丁二醇	0.15	0.05	0.05
	透明质酸钠	0.4	0.6	0.6
增黏剂	高分子纤维素	1	2	2
	汉生胶	1	1	1

◀制备方法▶　首先将杏鲍菇泥与去离子水加热到 30～50℃保温 2～3h，然后冷却至室温得到杏鲍菇泥溶液；将保湿剂、金属离子螯合剂、防腐剂、增白剂与营养添加剂溶于去离子水中，然后加入杏鲍菇泥溶液继续搅拌，边搅拌边加入增黏剂和去离子水，搅拌均匀后得到杏鲍菇泥面膜。

◀原料介绍▶　所述杏鲍菇泥采用以下方法制备得到。

（1）杏鲍菇预处理：将杏鲍菇用 0.02%～0.04%碳酸氢钾溶液浸泡 2～4h，洗净后，捣碎。

（2）提取：步骤（1）捣碎的杏鲍菇 10%～20%，加入 90%～80%去离子水，然后在 80~95℃进行提取,获得提取料液。

(3) 根据步骤 (2) 中提取的料液量,称取料液量 0.1%~0.2%的结冷胶,将结冷胶用 15~25 倍去离子水进行溶胀处理得到结冷胶溶液,将溶胀后的结冷胶溶液加入步骤 (2) 获得的提取料液中,搅拌均匀获得杏鲍菇泥。

‹产品应用› 本品是一种杏鲍菇泥面膜。

‹产品特性›

(1) 本品保湿性好,面敷 15min 后的皮肤水分增长率为 28%以上,能明显改善肤色、滋润肌肤、有效防止肌肤衰老、减少皱纹。而且该面膜所加辅料均具亲水或水溶性,易于皮肤吸收,用后直接用水洗净即可,使用方便。

(2) 本产品安全无刺激,长期使用没有依赖性,适合所有肌肤类型人群使用。

配方 30　羊肚菌泥面膜

‹原料配比›

原　料		配比(质量份)		
		1#	2#	3#
羊肚菌泥		12	24	20
保湿剂		8	4	6
增黏剂		0.5	1	0.8
金属离子螯合剂	左旋维生素 C	3	—	—
	柠檬酸	—	8	10
防腐剂	苯氧乙醇	0.06	—	0.05
	桑普 K15	—	0.08	
增白剂	传明酸	4	—	—
	熊果苷	—	2	—
	烟酰胺	—	—	3
营养添加剂	神经酰胺	—	3	—
	蚕丝蛋白粉	5	3	8
	胶原蛋白粉	5	—	—
去离子水		62.44	54.92	52.15
保湿剂	甘油	1	1	1
	丙二醇	0.1	0.2	0.2
	丁二醇	0.15	0.05	0.05
	透明质酸钠	0.4	0.6	0.6
增黏剂	高分子纤维素	1	2	2
	汉生胶	1	1	1

‹制备方法› 首先将羊肚菌泥与去离子水加热到 35~55℃保温 2~3h,然后冷却至室温得到羊肚菌泥溶液;将保湿剂、金属离子螯合剂、防腐剂、增白剂与营养添加剂溶于去离子水中,然后加入羊肚菌泥溶液继续搅拌,边搅拌边加入增黏剂和去离子水,搅拌均匀后得到羊肚菌泥面膜。

‹原料介绍› 所述羊肚菌泥采用以下方法制备得到。

（1）羊肚菌预处理：将羊肚菌用 0.02％～0.05％碳酸氢钾溶液浸泡 2～4h，洗净后，捣碎。

（2）提取：步骤（1）捣碎的羊肚菌的 10％～20％，加入 90％～80％去离子水，然后在 80～95℃进行提取，获得提取料液。

（3）根据步骤（2）中提取的料液量，称取料液量 0.1％～0.2％的结冷胶，将结冷胶用 15～25 倍去离子水进行溶胀处理得到结冷胶溶液，将溶胀后的结冷胶溶液加入步骤（2）获得的提取料液中，搅拌均匀获得羊肚菌泥。

◀产品应用▶　本品是一种羊肚菌泥面膜。

◀产品特性▶

（1）本品保湿性好，面敷 15min 后的皮肤水分增长率为 32％以上，能明显改善肤色、滋润肌肤、有效防止肌肤衰老、减少皱纹。而且该面膜所加辅料均具亲水或水溶性，易于皮肤吸收，用后直接用水洗净即可，使用方便。

（2）本品安全无刺激，长期使用没有依赖性，适合所有肌肤类型人群使用。

配方 31　抑制黑色素形成的补水美白面膜

◀原料配比▶

原　　料	配比（质量份）			
	1#	2#	3#	4#
茉莉花提取液	5	8	6	8
山茶花提取液	4	5	5	6
百合提取液	2	4	3	5
丁二醇	6	6	7	8
甘油	1	3	3	5
乙酰壳糖胺	0.5	1	1	1.5
海藻糖	1	2	2	3
精氨酸	2	4	4	6
纳米珍珠粉	6	7	7	9
蛋清	2	3	3	4
蜂蜜	1	2	2	3
去离子水	8	9	9	10

◀制备方法▶

（1）将茉莉花提取液、山茶花提取液、百合提取液和去离子水混合搅拌。

（2）加入丁二醇、甘油、乙酰壳糖胺、海藻糖、精氨酸、纳米珍珠粉、蛋清和蜂蜜充分搅拌均匀，得到面膜液。

（3）将所得面膜液灌入装有面膜纸的面膜袋，封装。

◀原料介绍▶　所述茉莉花提取液、山茶花提取液和百合提取液的制备方法为：分别取茉莉花、山茶花和百合花，加 15 倍质量去离子水，加热至 60℃，煎煮 2h，滤除杂物，用 200 目筛绢过滤汁液，3000r/min 条件下离心 10min，上清液于 300 目筛绢过滤得提取液。

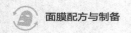

《产品应用》 本品是一种抑制黑色素形成的补水美白面膜。

《产品特性》

（1）本产品包含纯天然的茉莉花提取液、山茶花提取液和百合提取液。茉莉花提取液能排出肌肤浊质、收缩毛孔、缓解肌肤干燥、抗衰老。山茶花提取液能深层清洁，软化及去除面部皮肤的黑头、粉刺，令肌肤变得柔润亮泽。百合提取液能使皮肤变得白皙。三者相互配合使用，能够对皮肤起到滋润、美白和补水的功效。

（2）本产品中的乙酰壳糖胺能够淡化或者分解黑色素，通过加速血液循环，促进新陈代谢，将已经产生的黑色素排出，使之不能沉淀形成色斑。

（3）本产品不添加任何防腐剂、杀菌剂和香精等添加剂，安全可靠。

配方 32　中药益生菌面膜

《原料配比》

原　料	配比（质量份）		
	1#	2#	3#
白蔹	0.8	1.2	1
白附子	0.8	1.2	1
珍珠粉	0.8	1.2	1
茯苓	0.8	1.2	1
冬瓜仁	0.3	1.2	1
桃胶	2.5	1.2	1
甘油	4.5	1.2	1
玫瑰精油	0.8	1.2	1
白术	0.8	1.2	1
白芷	0.8	1.2	1
人参	0.8	1.2	1
灵芝	0.8	1.2	1
蜂蜜	0.3	0.8	0.5
白僵蚕	0.8	1.2	1
铁皮石斛	0.8	1.2	1
绵羊油	4.5	5.5	5
蛋清	4.5	5.5	5
牡丹油	0.8	1.2	1
猪胰	4	6	5
葡萄糖	4	6	5
海藻糖	1.5	2.5	2
琼脂糖	1	3	2
魔芋粉	0.5	1	0.8
小分子水	41.8	14.5	27.7
啤酒酵母菌	1.5	2.5	2
拉曼乳杆菌	1.5	2.5	2
鼠李糖乳杆菌	1.5	2.5	2
链状双歧杆菌	1.5	2.5	2

续表

原　　料	配比（质量份）		
	1#	2#	3#
卵形双歧杆菌	1.5	2.5	2
革兰氏阳性球菌	1.5	2.5	2
干酪乳杆菌	1.5	2.5	2
短双歧杆菌	1.5	2.5	2
蛋白酶	4.5	5.5	5
脂肪酶	4.5	5.5	5

《制备方法》

（1）按上述质量份备料。

（2）将白芨、白附子、珍珠粉、茯苓、冬瓜仁、白术、白芷、人参、灵芝、白僵蚕、铁皮石斛、猪胰经破壁加工成纳米级粉体。

（3）将白芨、白附子、珍珠粉、茯苓、冬瓜仁、白术、白芷、人参、灵芝、白僵蚕、铁皮石斛、猪胰，以及蜂蜜、桃胶、甘油、玫瑰精油、绵羊油、蛋清、牡丹油、葡萄糖、海藻糖、琼脂糖、魔芋粉、小分子水混合后，再加入啤酒酵母菌、拉曼乳杆菌、鼠李糖乳杆菌、链状双歧杆菌、卵形双歧杆菌、革兰氏阳性球菌、干酪乳杆菌、短双歧杆菌、蛋白酶、脂肪酶，混匀后静置发酵30～180天，使各组分有机结合，即得到中药益生菌面膜。

《产品应用》　本品是一种中药益生菌面膜。

《产品特性》　本产品将中药与益生菌相结合，使中药的利用率得到有效提高。根据中药理论调理皮肤，提高皮肤的免疫力和抵抗力，从而增强皮肤对病菌的抵抗力、对外界环境的适应力。中药与益生菌相结合，提高皮肤的新陈代谢。本产品提供的面膜能够起到保湿、滋润等功效，能够使面部嫩滑，具有很好的养护作用。

三、舒缓面膜

配方1 多功效天然中药面膜

原　料	配比（质量份）		
	1#	2#	3#
菊花	10	30	50
桃花	10	30	50
金银花	10	50	30
玫瑰	10	30	50
玉美人	10	30	50
柠檬	10	30	60
薄荷	20	50	20
绿茶	20	50	30
薰衣草	20	30	50
益母草	10	30	60
蜂蜜	20	50	50
甘油	30	30	50
去离子水	适量	适量	适量

〈制备方法〉　先将除薄荷、蜂蜜和甘油外的配方量的原料放入煮开的去离子水中煮5～20min，放入薄荷后再煮5～20min，然后过滤出药汁，冷却至15～60℃时放入蜂蜜和甘油，搅拌均匀后得到多功效天然中药面膜。

〈产品应用〉　本品主要用于保湿补水、营养肌肤、排毒养颜，保持肌肤细嫩、抗衰老、抗辐射、改善血液循环、促进皮肤营养吸收和氧供给。

〈产品特性〉

（1）本产品保湿补水，营养肌肤，保持肌肤细嫩；抗衰老、抗辐射；改善血液循环，促进皮肤营养吸收和氧供给。

（2）本品能有效预防黄褐斑、雀斑、黑斑的形成；补充维生素C，促进皮肤胶原蛋白的生成。

（3）本品消热祛火，改善肤色。

（4）本品舒缓面部神经，安神镇静，改善睡眠。

（5）本品排毒养颜，淡化疤痕、祛痘印。

配方2 多肽蚕丝面膜

◀原料配比▶

原　　料	配比（质量份）
库拉索芦荟	75
肌肽	4
寡肽-1	3
可溶性胶原	3
2-O-乙基抗坏血酸	3
甜菜碱	3
海藻糖	3
烟酰胺	3
尿囊素	3
水	83.25
甘油	4
丙二醇	3
丁二醇	3
麦芽寡糖葡糖苷	0.3
氢化淀粉水解物	0.3
甘油聚甲基丙烯酸酯	0.52
PVM/MA 共聚物	0.52
卡波姆	0.1
透明质酸钠	0.05
三乙醇胺	0.1
烟酰胺	1.5
甜菜碱	1.5
马齿苋提取物	0.3
聚季铵盐-51	0.05
大豆多肽	0.05
猴面包树果肉提取物	0.05
黑莓叶提取物	0.1
紫松果菊提取物	0.1
库拉索芦荟提取物	0.2
欧洲七叶树提取物	0.05
九肽-1	0.05
凝血酸	0.1
积雪草提取物	0.05
神经酰胺-1	0.03
棕榈酰五肽-4	0.05
寡肽-1	0.03
肌肽	0.05
甘草酸二钾	0.1
苯氧乙醇	0.5

《制备方法》

（1）将由库拉索芦荟、肌肽、寡肽-1、可溶性胶原、2-O-乙基抗坏血酸、甜菜碱、海藻糖、烟酰胺、尿囊素粉碎混合，搅拌均匀，制成粉末状的混合物1。

（2）将由水、甘油、丙二醇、丁二醇、麦芽寡糖葡糖苷、氢化淀粉水解物、甘油聚甲基丙烯酸酯、PVM/MA共聚物、卡波姆、透明质酸钠混合均匀，加热至85℃，搅拌均匀，制成混合物2。

（3）在无菌条件下，将步骤（2）中的混合物2降温至70℃，并加入三乙醇胺，搅拌均匀，制成混合物3。

（4）在无菌条件下，将步骤（3）中的混合物3降温至50℃，加入烟酰胺、甜菜碱、马齿苋提取物、聚季铵盐-51、大豆多肽、猴面包树果肉提取物、黑莓叶提取物、紫松果菊提取物、库拉索芦荟提取物、欧洲七叶树提取物、九肽-1、凝血酸、积雪草提取物、神经酰胺-1、棕榈酰五肽-4、寡肽-1、肌肽、甘草酸二钾，搅拌均匀后，再填入苯氧乙醇混合制成混合物4。

（5）在无菌条件下，将步骤（4）中的混合物4冷却至37～38℃。

（6）灌装成型。

（7）将步骤（1）中的粉末状混合物1均匀涂覆在灌装成型后的蚕丝面膜表面。

《产品应用》 本品是一种多肽蚕丝面膜。

《产品特性》 本产品具有抗衰老、高效补水、抗氧化、美白淡斑、收缩毛孔、舒缓过敏、深层清洁的优点。通过多肽粉与蚕丝蛋白液的结合，能够有效地给予肌肤鲜活营养，推动臻宠美肌修护进程，强化营养吸收能力，深层滋养，抚纹嫩肤，令肌肤富有弹性。本产品将多种营养原料搭配制成营养液，能够使皮肤更加润滑，具有较好的美白效果。

配方3 多肽粉面膜

《原料配比》

原　　料	配比（质量份）
库拉索芦荟叶粉	75
肌肽	4
寡肽-1	3
可溶性胶原	3
2-O-乙基抗坏血酸	3
甜菜碱	3
海藻糖	3
烟酰胺	3
尿囊素	3

《制备方法》

（1）取由库拉索芦荟叶粉、肌肽、寡肽-1、可溶性胶原、2-O-乙基抗坏血酸、甜菜碱、海藻糖、烟酰胺、尿囊素组成的多肽粉组合物碾碎，并均匀混合。

（2）取出部分半成品进行检验，检验合格的出料，灌装，包装成品。

（3）将多肽粉涂覆于蚕丝面膜上。

◀产品应用▶   本品主要对面部皮肤进行补湿锁水和美白，不刺激皮肤，能够深层次清洁面部。

◀产品特性▶

（1）本品具有良好的营养配比和较高的蛋白营养，具有强抗衰老、抗氧化、收缩毛孔、舒缓过敏的优点。通过多肽粉与蚕丝面膜的结合，能够有效地给予肌肤鲜活营养，推动臻宠美肌修护进程，强化营养吸收能力，深层滋养，抚纹嫩肤，令肌肤富有弹性。

（2）所述多肽粉可涂覆于蚕丝面膜上，蚕丝面膜上本身具有多个微孔，可充分吸收该粉末状的多肽粉，促使皮肤更好地吸收营养，以达到更好的美白和保养效果。

配方4 多效中药面膜

◀原料配比▶

原　料	配比（质量份）		
	1#	2#	3#
天冬	10	20	15
茯苓	10	15	12
生姜	3	4	4
枸杞子	4	5	5
当归	6	12	10
党参	8	10	9
柑橘皮	12	19	15
柏子仁	6	15	10
竹叶	15	18	16
紫草	10	30	20
仙茅	3	4	3
山茶	2	3	3
黄芪	5	7	6
野菊花	5	15	10
金银花	5	15	10
白参蒲公英	5	7	6
纳米级竹炭粉	17	17	17
蜂蜜	4	4	4
面粉	8	8	8
甘油	3	4	5
维生素E	5	7	5
珍珠粉	20	20	20
去离子水	适量	适量	适量

◀制备方法▶

（1）将天冬、茯苓、生姜、枸杞子、当归、党参、柑橘皮、柏子仁在中药打粉

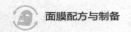

机中打磨成超微粉，并用超细筛子去除大颗粒药渣。

（2）将竹叶、紫草、仙茅、山茶、黄芪、野菊花、金银花、白参蒲公英磨成的粉与纳米级竹炭粉、蜂蜜、面粉、甘油、维生素 E、珍珠粉放入无菌容器中，加入去离子水混合均匀，灭菌装罐备用。

《产品应用》 本品是一种具有补水保湿、消炎祛痘、祛湿化瘀效果的中药面膜。

《产品特性》 本品具有补水保湿、消炎祛痘、祛湿化瘀的效果。

配方5 富含玻尿酸能够补充皮肤水分焕现润泽的面膜

《原料配比》

原　料		配比（质量份）		
		1#	2#	3#
丁二醇		4	3	10
甘油		3	2	9
双丙甘醇		2	1	8
甘油聚醚-26		1.5	0.5	3
甜菜碱		—	0.2	0.9
2-O-乙基抗坏血酸		0.1	0.05	0.3
透明质酸钠		0.05	0.05	0.3
海藻糖		0.05	0.05	0.3
卡波姆		0.05	0.05	0.3
黄原胶		0.1	0.1	0.3
三乙醇胺		0.05	0.05	0.2
苯氧乙醇		0.1	0.1	0.3
氯苯甘醚		0.1	0.1	0.15
羟苯甲酯		0.1	0.1	0.2
PEG-40 氢化蓖麻油		0.03	—	—
香精		0.001	0.001	1
中药提取物		3～5	3	5
去离子水		加至100	加至100	加至100
中药提取物	柠檬提取物	0.1～1	0.1～1	0.1～1
	玉竹提取物	0.1～1	0.1～1	0.1～1
	母菊花提取物	0.1～1.5	0.1～1.5	0.1～1.5
	马齿苋提取物	0.1～0.5	0.1～0.5	0.1～0.5

《制备方法》 将各组分原料混合均匀即可。

《产品应用》 本品是一种富含玻尿酸能够补充皮肤水分焕现润泽的面膜。

《产品特性》 本产品所用透明质酸钠为肌肤提供充足水分。海藻糖对基体液中的其他组分提供保护，避免水分流失，有效保护蛋白质分子不变性。卡波姆使基体液具有良好的黏稠度，避免基体液与基体分离，导致面膜失效。使用甜菜碱增强吸水储水能力，避免水分散失，中药提取物能够有效增强补水效果。柠檬提取物具有生津、止渴、祛暑，提高人体对于水分消耗的抵抗力，提高水分吸收的效果。玉竹提取物为百合科植物玉竹的根茎，具有养阴润燥、生津止渴的功效。母菊花提取物密集补水，深层净化，消除细纹，令肌肤水润，焕发迷人光彩，宛若新生。马齿苋提取物抗皮肤过敏、刺激，抗炎和祛痘，在化妆品中主要用于抗过敏、抗炎消炎和抗外界对皮肤的各种刺激。

配方6 黑枸杞原花青素面膜粉

◀原料配比▶

原　料	配比（质量份）				
	1#	2#	3#	4#	5#
黑枸杞原花青素粉	15	25	20	17	22
绿豆粉	25	35	30	27	32
薏仁粉	15	30	22	18	27
茯苓粉	15	30	22	18	27
珍珠粉	5	15	10	7	12

◀制备方法▶

（1）黑枸杞原花青素粉的制备：将黑枸杞在50℃烘干，粉碎过60目筛，加8倍量石油醚浸泡24h进行脱脂，过滤回收石油醚。将黑枸杞粉干燥，按质量比以1∶19的固液比加入61％乙醇溶液回流提取，提取温度为47℃，第一次回流2h，第二次和第三次各回流1h。抽滤，合并滤液，冷却至室温，静置24h，离心甩滤，得澄清滤液，以1BV/h的流速加入到经处理过的AB-8大孔树脂柱中，水洗至流出液澄清，用6BV 60％乙醇以1BV/h的流速洗脱，收集洗脱液，减压浓缩至稠膏，冷冻干燥，制备获得黑枸杞原花青素粉。

（2）将上述步骤制备的黑枸杞原花青素粉与绿豆粉、薏仁粉、茯苓粉和珍珠粉粉碎过200～300目筛，备用。

（3）将上述步骤过筛备用的黑枸杞原花青素粉、绿豆粉、薏仁粉、茯苓粉和珍珠粉按质量份混合均匀。

（4）将步骤（3）中的粉状物质装入铝箔袋中，每袋20～25g，抽真空，密封，室温保存。

◀产品应用▶ 本品是一种黑枸杞原花青素面膜粉。

使用方法：采用上述提供的黑枸杞原花青素面膜粉，与适量蜂蜜、蛋清或牛奶调成糊状面膜，均匀涂于面部。蜂蜜、蛋清或牛奶的用量根据用户喜好调制，该面膜具有延缓衰老、美白、祛痘淡斑、清洁皮肤等功效。

◀产品特性▶

（1）本产品采用优选的绿豆粉，具有清洁、去角质、消炎抗菌等作用。本产品采用优选的薏仁粉，具有美白滋润、消斑、减少皱纹等作用。本产品采用优选的茯苓粉，具有祛斑美白、润泽皮肤等作用。本产品采用优选的珍珠粉，具有美白淡斑、控油祛痘、去黑头、延缓衰老等作用。

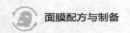

（2）本产品原料纯天然无污染、性能温和、无刺激、无副作用，使用方便，男女老幼皆宜。

配方7 红景天晒后修复面膜

《原料配比》

原　料		配比（质量份）		
		1#	2#	3#
红景天提取液	红景天	1	1	1
	水	8	10	9
丹参提取液	丹参	1	1	1
	水	10	10	10
基质A	羧甲基纤维素	2	2	2
	海藻酸钠	1	1	1
	聚乙二醇1500	4	4	4
	去离子水	20	20	20
基质B	甘油	1	1	1
	去离子水	10	10	10
基质C	基质A	2	2	2
	基质B	3	3	3
基质D	基质C	3	3	3
	红景天提取液	10	10	10
	丹参提取液	10	10	10
基质D		10	10	10
吐温-80		0.7	0.7	0.7

《制备方法》

（1）按照料液比1∶（8～10）将红景天加入水中，在70～95℃下提取40～60min，过滤，滤液即为红景天提取液。

（2）按照料液比1∶10将丹参加入水中，在80～90℃下煎煮1～2h，过滤，滤液即为丹参提取液。

（3）将羧甲基纤维素、海藻酸钠、聚乙二醇1500、去离子水混合，搅拌，升温至80℃，得到基质A。

（4）将甘油与去离子水混合，升温至80℃，得到基质B。

（5）将基质B加入基质A中，然后在2000r/min的转速下搅拌30～50min，得到基质C。

（6）将基质C、红景天提取液、丹参提取液混合，升温至80℃，在2000r/min的转速下搅拌30～50min，得到基质D。

（7）向基质D中加入吐温-80，在50℃、2000r/min的转速下搅拌30～50min，即可。

《原料介绍》　本品各组分质量份配比范围为：

所述的红景天提取液按料液比1∶（8～10）将红景天加入水中。

所述的丹参提取液按照料液比1:10将丹参加入水中。

所述的甘油、去离子水的质量比为1:10。

所述的基质A是由羧甲基纤维素、海藻酸钠、聚乙二醇1500、去离子水按质量比为2:1:4:20组成。

所述的基质C是由基质A、基质B按质量比为2:3组成。

所述的基质D是由基质C、红景天提取液、丹参提取液按质量比为3:10:10组成。

所述的基质D、吐温-80的质量比为10:0.7。

◀产品应用▶ 本品是一种红景天晒后修复面膜。

使用方法：将脸部清洁干净后，取制备得到的面膜均匀涂抹在脸部，按摩3～5min，15～20min后用水洗干净。

◀产品特性▶ 本产品为水洗面膜，所得面膜质地均匀，膏体细腻，色泽晶亮微黄，具有天然植物提取物独有色泽。面膜黏合性、伸展性良好，晒后修复效果好，使用后皮肤水润透红。

配方8 护肤蚕丝面膜

◀原料配比▶

原　　料		配比（质量份）		
		1#	2#	3#
保湿剂		5	6	8
抗皱剂		10	8	9
美白剂		10	5	7
蚕丝蛋白		3	4	5
甜菜碱		7	5	10
去离子水		20	20	25
保湿剂	丝瓜提取物	0.5	2	20
	人参提取物	8	0.3	15
	西瓜籽油	0.5	10	13
	百合提取物	10	0.5	20
	玉竹提取物	15	5	30
	荸荠提取物	15	20	0.5
	甘油	30	10	80
抗皱剂	何首乌	20	30	80
	金银花	15	10	30
	红花	20	30	10
	去离子水	100	140	140
美白剂	当归	10	15	50
	桑白皮	40	30	80
	桃花	25	10	50
	白茯苓	50	60	70
	去离子水	125	230	500

‹制备方法› 将各组分原料混合均匀即可。

‹原料介绍›

丝瓜提取物为新鲜丝瓜经水蒸气蒸馏得到的提取物。

人参提取物为五加科植物人参的干燥根的提取物，其中人参总皂苷含量≥80%。

百合提取物为植物百合的新鲜花朵经水蒸气蒸馏得到的提取物。

玉竹提取物为植物玉竹根茎的提取物，其中玉竹黏多糖含量≥50%。

荸荠提取物为植物荸荠的球茎经水蒸气蒸馏得到的提取物。

抗皱剂的制备方法如下：取何首乌、金银花和红花，加1～3倍水浸泡3～6h，80～100℃下煎煮30～45min，过滤得滤液；滤渣加1～3倍去离子水，在80～100℃下煎煮30～45min，过滤得滤液，合并两次滤液，浓缩至加入总水量的1/10。

所述美白剂的制备方法如下：取当归、桑白皮、桃花和白茯苓，加1～3倍去离子水浸泡3～6h，80～100℃下煎煮30～45min，过滤得滤液；滤渣加1～3倍水，在80～100℃下煎煮30～45min，过滤得滤液，合并两次滤液，浓缩至加入总水量的1/10。

‹产品应用› 本品是一种护肤蚕丝面膜。

‹产品特性› 本产品将各种成分复配，通过调理面部血液微循环，从根本上改善皮肤状况，修复皮肤的同时增强细胞免疫力，无刺激、无毒、无过敏反应、美白、防皱、防晒、抗衰老、保湿等，有调理皮肤，促进血液微循环，抑制自由基，减少黑色素细胞，有效阻止黑色素合成的途径，防止黑色素堆积的功效。

配方9 花青素膏状面膜

‹原料配比›

原　　料		配比（质量份）	
		1#	2#
水果粉	蓝莓	15	18
	红心火龙果	9	12
果蔬浸提膏	蓝莓	15	18
	红心火龙果	9	12
	黄瓜	6	12
油相介质	珍珠粉	12	18
	蜂蜜	6	9
	橄榄油	16	22
	棕榈酸异丙酯（IPP）	2	3
	水果粉	3	5
	小麦胚芽油	3	5
醇相介质	去离子水	12	18
	甘油	6	8
	棕榈醇	3	5
	果蔬浸提膏	6	12
	丙二醇	3	5
	丁二醇	2	4

原　料	配比（质量份）	
	1#	2#
水果粉	5	6
醇相介质	3	4
油相介质	6	8
果蔬浸提膏	8	12

◀制备方法▶

（1）选取新采摘的蓝莓，用自来水洗净杂物，选取新鲜饱满的红心火龙果，去皮，将果肉切成块状（长、宽、高各2cm为宜），按质量份取15～18份蓝莓、9～12份红心火龙果混合置于－20～－15℃低温冰箱中迅速冷冻2～3h，将冷冻后的蓝莓红心火龙果混合物转移至冻干机干燥仓内，于－20～－10℃条件下真空干燥4～6h，加热至干燥仓温度为30～45℃，并调节干燥仓真空压力为80～100Pa保温干燥4～6h，保持干燥仓真空压力80～100Pa降温，待温度降至20～30℃后维持2～3h，得到真空冷冻干燥后的蓝莓红心火龙果混合物，将经过低温真空冷冻干燥去除大部分游离水的蓝莓红心火龙果混合物粉碎过40目筛，即得水果粉。

（2）选取新采摘的蓝莓，用自来水洗净杂物，选取新鲜饱满的红心火龙果，去皮，将果肉切成块状（长、宽、高各2cm为宜），选取新鲜黄瓜，去皮、洗净并切成块状（长、宽、高各2cm为宜），按质量份取15～18份蓝莓、9～12份红心火龙果、6～12份黄瓜混合置于－20～－15℃低温冰箱中迅速冷冻2～3h，将冷冻后的果蔬混合物转移至冻干机干燥仓内，于－20～－10℃条件下真空干燥3～5h，加热至干燥仓温度为30～45℃，并调节干燥仓真空压力为80～100Pa条件下保温干燥4～6h，保持干燥仓真空压力80～100Pa条件下降温，待温度降至20～30℃后维持2～3h，得到真空冷冻干燥后的果蔬混合物，将经过低温真空冷冻干燥去除大部分游离水的果蔬混合物粉碎过40目筛，即得果蔬粉。

（3）将果蔬粉转移至反应容器中，加入2～3倍质量、温度30～40℃的去离子水，在功率为36～40W的超声波作用下提取2～3h得到果蔬提取液，提取完毕后用旋转蒸发设备将果蔬提取液浓缩至原体积的1/3～1/2，静置2～4h，初步过滤，得到果蔬过滤液。

（4）向果蔬过滤液中加入6～8倍质量的70%乙醇，在50～60℃恒温水浴、功率36～40W的超声波作用下浸提20～30min，用离心法将滤液在3000～4000r/min的转速下离心15～20min除去残渣，然后将残渣回收转移至反应容器中，并重复以上步骤再提取一次，合并滤液，保持40～50℃恒温水浴使滤液水分降至30%～40%左右，得到果蔬浸提膏。

（5）将珍珠粉、蜂蜜、橄榄油、棕榈酸异丙酯（IPP）混合搅拌，放置于－10～－4℃冰箱冷冻3～5h，取出并添加水果粉、小麦胚芽油，搅拌均匀即得油相介质。

（6）将去离子水、甘油、棕榈醇混合搅拌，放置于－10～－4℃冰箱冷冻3～5h，取出并添加果蔬浸提膏、丙二醇、丁二醇，搅拌均匀即得醇相介质。

（7）取 3～6 份水果粉、2～4 份醇相介质、6～8 份油相介质、6～12 份果蔬浸提膏混合均匀，即得花青素膏状面膜。

《产品应用》　本品是一种花青素膏状面膜。

使用方法：先用清水配合洗面乳洗净面部，取本产品均匀涂抹于面部，并轻轻拍打，15～20min 之后用清水洗净，涂抹乳液进行面部锁水防护即可。

《产品特性》　本产品外观呈淡紫色，具有营养皮肤、改善皮肤弹性、缓解皱纹、祛除色斑、美白肌肤等功效。

配方 10　肌龄多效蚕丝面膜

《原料配比》

原　料	配比（质量份）
去离子水	83.25
甘油	4
丙二醇	3
丁二醇	3
麦芽寡糖葡糖苷	0.3
氢化淀粉水解物	0.3
甘油聚甲基丙烯酸酯	0.52
PVM/MA 共聚物	0.52
卡波姆	0.1
透明质酸钠	0.05
三乙醇胺	0.1
烟酰胺	1.5
甜菜碱	1.5
马齿苋提取物	0.3
聚季铵盐-51	0.05
大豆多肽	0.05
猴面包树果肉提取物	0.05
黑莓叶提取物	0.1
紫松果菊提取物	0.1
库拉索芦荟提取物	0.2
欧洲七叶树提取物	0.05
九肽-1	0.05
凝血酸	0.1
积雪草提取物	0.05
神经酰胺-1	0.03
棕榈酰五肽-4	0.05
寡肽-1	0.03
肌肽	0.05
甘草酸二钾	0.1
苯氧乙醇	0.5

《制备方法》

（1）在无菌条件下，将去离子水、甘油、丙二醇、丁二醇、麦芽寡糖葡糖苷、氢化淀粉水解物、甘油聚甲基丙烯酸酯、PVM/MA 共聚物、卡波姆、透明质酸钠混合均匀，加热至 83～87℃，搅拌均匀，制成混合物 1。

（2）在无菌条件下，将步骤（1）中的混合物 1 降温至 68～72℃，优选为降温至 70℃，并加入三乙醇胺，搅拌均匀，制成混合物 2。

（3）在无菌条件下，将步骤（2）中的混合物 2 降温至 48～52℃，优选降温到 50℃，加入烟酰胺、甜菜碱、马齿苋提取物、聚季铵盐-51、大豆多肽、猴面包树果肉提取物、黑莓叶提取物、紫松果菊提取物、库拉索芦荟提取物、欧洲七叶树提取物、九肽-1、凝血酸、积雪草提取物、神经酰胺-1、棕榈酰五肽-4、寡肽-1、肌肽、甘草酸二钾后，再加入苯氧乙醇混合制成混合物 3。

（4）在无菌条件下，将步骤（3）种的混合物 3 冷却至 36～38℃，优选为 38℃。

（5）对步骤（4）的产品提取检验。

（6）对检验合格的面膜液出料和灌装成型。

◀产品应用▶ 本品是一种肌龄多效蚕丝面膜。

使用方法：

（1）把蚕丝面膜滴 5～8 滴到肌龄逆转全效冻干粉袋子里，搅拌均匀。

（2）把肌龄逆转全效冻干粉均匀地涂抹到脸上。

（3）2～3min 后敷上蚕丝面膜，15～20min 后揭下。

（4）轻拍脸部，促进吸收，清水净肤。

◀产品特性▶

（1）采用本品所述的肌龄多效蚕丝面膜的制作工艺制作出来的面膜具有强抗衰老、高效补水、抗氧化、提亮肤色、美白淡斑、祛疤祛印、收缩毛孔、提拉紧致、舒缓过敏、深层清洁等特点。适合所有肤质，孕妇、哺乳期妇女都可以用。

（2）使用本品的组分配比制作的面膜液能有效地达到对面部皮肤的保湿锁水和美白的功效，且对面部皮肤无刺激；利用该工艺制造所述的面膜液，能确保该面膜液的质量和功效。

配方 11　酵素精油面膜

◀原料配比▶

原　　料	配比（质量份）			
	1#	2#	3#	4#
精油	35	38	42	45
酵素	15	18	22	25
玻尿酸	5	6	7	8
芦荟油	5	6	7	8
珍珠粉	5	6	7	8
蜂蜜	2	3	4	5
牛奶	2	3	4	5
保湿剂	0.5	0.6	0.8	1
渗透剂	0.5	0.6	0.8	1

<制备方法>

（1）将精油置于透明容器内，并将其温度升高至 65～80℃，向其中依次添加酵素以及玻尿酸，在添加的过程中，需实时搅拌，待添加完成后，保持上述温度，并缓慢搅拌，放置 30～50min，须避免沉淀出现。

（2）待上述步骤完成后，将透明容器内的温度降低至 45～60℃，然后向其中置入保湿剂以及渗透剂，并将其缓慢搅拌，待完全混合后，再向其中添加芦荟油以及珍珠粉，再次缓慢搅拌，且搅拌时间为 15～30min。

（3）温度降至 25～30℃，再次将蜂蜜与牛奶置入透明容器内，混合搅拌后，缓慢搅拌下将其放置 45～60min，从而形成面膜基液。

（4）然后将无纺布置入透明容器内的面膜基液内，在 40～50℃ 的条件下静置 30～50min，取出，将其放置于阴凉的密闭空间内，进行降温处理，待温度降至 20～25℃，分切、包装，即为酵素精油面膜。

<产品应用> 本品是一种酵素精油面膜。

<产品特性> 通过在面膜中添加精油以及酵素，使得精油以及酵素的营养成分能够有效移至面膜中，精油在渗透剂的作用下，能够穿透薄纱迅速滋润皮肤，从而能够有效提高面膜的质量。

配方 12　具有防紫外线功效的人参面膜

<原料配比>

原　　料		配比（质量份）		
		1#	2#	3#
酶解人参	200～400 目人参粉末	10	20	15
	卵磷脂	0.5	1	0.7
	水	200	400	300
	纤维素酶	0.5	2	1
	β-淀粉酶	0.5	2	1
	1,5-D-脱水果糖	0.5	1	0.8
酶解人参		10	15	12
去离子水		30	40	35
脱乙酰壳多糖		3	5	4
甲基纤维素		15	30	20
交联聚维酮		6	14	12
甘露糖		3	6	5
聚氧乙烯甲基葡萄糖苷		3	5	4
保湿剂	透明质酸钠	1	3	2
抗氧化剂		0.5	1	0.7
防腐剂	苯氧乙醇	0.5	1	0.7
香精	薰衣草油	1	3	2
增白剂	熊果苷	0.5	1	0.8

续表

原　料		配比（质量份）		
		1#	2#	3#
皮脂抑制剂		0.5	1	0.8
抑菌剂		0.5	1	0.8
抗过敏剂	甘草酸二钾	0.5	1	0.8
去离子水		100	140	120
增黏剂	汉生胶	15	30	20
去离子水		20	40	30

◀制备方法▶

（1）按质量份计，取人参粉末 10～20 份、卵磷脂 0.5～1 份，加水 200～400 份，调节 pH 值至 4～4.5，加入纤维素酶 0.5～2 份，酶解，再灭酶。人参粉末的粒度是 200～400 目，酶解时间是 2～3h，酶解温度是 50～65℃。

（2）调节酶解液 pH 值在 4.5～5.0，加入 β-淀粉酶 0.5～2 份、1,5-D-脱水果糖 0.5～1 份，酶解后高温灭活，将酶解后的人参粉末烘干，得到酶解人参。酶解时间 36～48h，酶解温度是 55～60℃。

（3）按质量份计，向酶解人参 10～15 份中加入去离子水 30～40 份搅拌溶胀。将脱乙酰壳多糖 3～5 份、甲基纤维素 15～30 份、交联聚维酮 6～14 份、甘露糖 3～6 份、聚氧乙烯甲基葡萄糖苷 3～5 份、保湿剂 1～3 份、抗氧化剂 0.5～1 份、防腐剂 0.5～1 份、香精 1～3 份、增白剂 0.5～1 份、皮脂抑制剂 0.5～1 份、抑菌剂 0.5～1 份、抗过敏剂 0.5～1 份溶于去离子水 100～140 份中，然后加入上述搅拌溶胀好的酶解人参，继续搅拌，边搅拌边加入增黏剂 15～30 份和去离子水 20～40 份，搅拌均匀后得到人参面膜。

◀产品应用▶　本品是一种具有防紫外线功效的人参面膜。

◀产品特性▶　本品具有保湿效果好、防紫外线的功效。

配方 13　抗菌消炎祛痘修复面膜

◀原料配比▶

原　料		配比（质量份）		
		1#	2#	3#
解毒组分		0.3	0.6	0.8
化瘀止痛组分	土鳖虫提取物	0.5	0.8	1
抗炎防腐组分		3	4	5
美白修复组分		2	3	4
抗菌组分		1	2	3
保湿剂	维生素原 B_5	10	20	25
甘油聚甲基丙烯酸酯		0.1	0.2	0.3
卡波姆		0.1	0.2	0.2
黄原胶		0.1	0.2	0.2
聚丙烯酸钠		0.1	0.3	0.4
去离子水		60	78	88

续表

原　料		配比（质量份）		
		1#	2#	3#
解毒组分	斑蝥提取物	1	1	1
	蜈蚣提取物	2	2	2
抗炎防腐组分	长白山红蚂蚁提取物	5	5	5
	紫苏叶提取物	4	4	4
美白修复组分	水蛭提取物	2	2	2
	蜜蜂甲壳素	5	5	5
抗菌组分	九香虫抗菌肽	1	1	1
	大黄蜂抗菌肽	1	1	1
	天蚕抗菌肽	1	1	1

《制备方法》

（1）将甘油聚甲基丙烯酸酯、卡波姆、黄原胶、聚丙烯酸钠、保湿剂、去离子水，加入搅拌锅中加热至82℃，搅拌溶解完全得到A。

（2）待A降温至43℃，加入解毒组分、化瘀止痛组分、美白修复组分、抗菌组分，搅拌至溶解完全得到B。

（3）待B搅拌至溶解完全后加入抗炎防腐组分，搅拌后冷却出料，得到最终产品。

《原料介绍》

所述斑蝥提取物的制备方法如下：取南方大斑蝥烘干磨成粉末，称取一定质量的斑蝥粉末，然后加入6倍体积的丙酮溶液，在25℃超声功率600kHz下，超声提取25min，提取两次，合并滤液，然后将合并后的滤液以3000r/min离心10min，将上清液浓缩至原混合上清液体积的1/3，即为斑蝥提取物。

所述的蜈蚣提取物的制备方法如下：称取一定质量的蜈蚣粉末，置于烧杯中，精确加10倍体积的去离子水，在4℃超声功率600kHz下，超声提取35min，提取两次，合并滤液，然后将合并后的滤液以3000r/min离心10min，将上清液浓缩至原混合上清液体积的1/3，即为蜈蚣提取物。

所述的紫苏叶提取物的制备方法具体包括以下步骤：将紫苏叶原料经干燥、打粉后过200目筛，得到原料的粉状物，然后加入95％乙醇溶液，在水温45℃，超声功率200W条件下，超声提取35min，得提取液；将提取液过滤减压浓缩，得浆状物；将浆状物以1∶10体积比溶于去离子水中，经搅拌、摇匀，得紫苏叶提取物。

所述土鳖虫提取物的制备方法如下：取土鳖虫原药材，除去杂质、洗净干燥，打粉后过100目筛，得到原料的粉状物，然后加入60％乙醇溶液，在水温35℃，超声功率200W条件下，超声提取35min，得提取液；将提取液过滤减压浓缩，得浆状物；将浆状物以1∶6体积比溶于去离子水中，即得土鳖虫提取液。

所述蜜蜂甲壳素的提取方法如下：

（1）样品处理：将蜜蜂冲洗后置于干燥箱60℃烘干24 h至恒重，粉碎，即得蜜蜂样品。

（2）脱蛋白质：蜜蜂样品置于水中，样品质量与水的质量比为 1∶10，加入 40% NaOH 溶液，使得最终溶液的浓度为 0.25%，40℃搅拌 150min，用清水将以上样品洗涤至中性。

（3）脱色：将步骤（2）所得样品置于水中，样品质量与水的质量比为 1∶15，使用 30% 的 H_2O_2 脱色，加热至 75℃，搅拌 1h，过滤，用去离子水洗涤至 pH 值为 7.0，烘箱 50℃干燥，即得蜜蜂甲壳素。

所述水蛭提取物的制备方法如下：称取干燥水蛭，粉碎过 200 目筛，精密称取水蛭粗粉后加入 12 倍量的水，在 6.5℃的条件下，浸泡 4.9h 后，将混悬液倒入超微粉碎机中，设定粉碎时间 12min，将得到的水蛭混悬液离心，条件为 12000r/min，离心 10min 后，取上清液即为水蛭提取物。

◀产品应用▶ 本品是一种抗菌消炎祛痘修复面膜。

◀产品特性▶ 本产品制备方法中多数的提取物均采用超声波提取法，该工艺提取效率高，对植物、虫体药物中的活性成分利用率极高，不浪费资源。本产品采用超声波提取法制备提取物，超声波产生的强烈振动、较高的加速度、强烈的空化效应、搅拌等特殊作用，可以破坏植物细胞，使溶剂渗透到材料细胞中，促使待提取原料中的化学成分溶于溶剂中，再通过分离提纯得到所需的化学成分。利用超声波提取 30min 比常规煎煮法提取 3h 的提取率要高出 9%。

配方 14 抗炎抗过敏面膜

◀原料配比▶

原　料	配比（质量份）				
	1#	2#	3#	4#	5#
尿囊素	2.5	5.5	4.5	3	5
透明质酸	2	6	3	4	5
芦芭油	2	5	3	3	4
海藻多糖	1	4	2	3	2.5
龙胆抗刺激因子	1.5	3.5	2.5	3	2
燕麦提取液	2	5	3	4	3
甘油	2	7	5	3	6
丙二醇	1	3	2	2.5	1.5
丁二醇	1.5	3.5	2.5	2	3
甘油聚醚-26	0.2	0.8	0.5	0.7	0.4
三乙醇胺	0.3	0.8	0.6	0.7	0.5
卡波姆	0.5	1.5	1.0	1.2	0.8
羟苯甲酯	0.2	0.5	0.3	0.4	0.3
去离子水	100	20	15	18	13

◀制备方法▶

（1）将尿囊素、透明质酸、芦芭油、海藻多糖、甘油、龙胆抗刺激因子、燕麦提取液、丙二醇在 50～65℃下搅拌 30～40min；搅拌速率为 300～400r/min。

（2）向（1）中加入丁二醇、甘油聚醚-26、三乙醇胺、卡波姆、羟苯甲酯，搅拌 20～25min；搅拌速率为 600～700r/min。

（3）待（2）降至室温后，放入膜布浸泡 22～26h，即得。

《产品应用》 本品是一种抗炎抗过敏面膜。

《产品特性》 本产品包含的尿囊素和龙胆抗刺激因子，具有良好的抗炎、抗敏感、抗刺激、舒缓镇静的功效，可以对皮肤起到修复作用；透明质酸、海藻多糖、燕麦提取液能够活化细胞，调理肌肤，给皮肤提供良好的营养物质；该面膜中的多种功能性组分具有协同作用，适用于过敏性肌肤，在对皮肤进行滋润保护的同时还可以起到消炎作用。

配方 15 蓝莓营养面膜

《原料配比》

原　料		配比（质量份）		
		1#	2#	3#
蓝莓提取液	蓝莓鲜果	100	100	100
	去离子水	300	300	300
	活性炭	7	7	7
中药提取液	白芍	10	10	10
	白芷	10	10	10
	白术	10	10	10
	白蒺藜	10	10	10
	白茯苓	10	10	10
	香附子粉	10	10	10
	去离子水	1200	1200	1200
中药提取液		100	125	100
柠檬汁		40	30	50
蓝莓提取液		500	750	500
白及粉		5	7	5
白僵蚕粉		5	4	3
藻朊酸钠		15	10	10

《制备方法》

（1）白芍、白芷、白术、白蒺藜、白茯苓、香附子粉中药提取液的制备：称取等量的白芍、白芷、白术、白蒺藜、白茯苓和香附子粉，加入 20 倍质量的去离子水煎煮提取，浓缩至其总质量的 1/2 待用。

（2）蓝莓提取液的制备：将蓝莓鲜果与 3 倍质量的水混合粉碎，所得浆液，加入蓝莓鲜果质量 5%～10% 的活性炭，沸腾下搅拌 5～15min，冷却，分离，取溶液并浓缩至浆液质量的 1/3，待用。

（3）将配方量的步骤（1）制备的中药提取液、柠檬汁和步骤（2）的蓝莓提取液混合均匀后，45～55℃下，加入配方量的白及粉、白僵蚕粉、藻朊酸钠，得到本产品的蓝莓营养面膜。

◀产品应用▶　本品是一种用于美白、祛斑、除痤疮、抗过敏、清洁等的蓝莓营养面膜。

◀产品特性▶

（1）本产品加入的柠檬汁既可以抗氧化和美白，又可以杀菌，同时也能减少抑菌剂的添加量，配以白芷和白僵蚕粉，解热、镇痛、抗炎、改善局部血液循环，提高皮肤的免疫功能，增强抗过敏能力，消除色素在组织中过度堆积，促进皮肤细胞新陈代谢，同时还能有效解决柠檬汁可能引起的肌肤刺痛问题。

（2）本产品加入白芍、白芷、白术、白蒺藜、白茯苓、香附子粉中药提取液，可以增强美白、防皱、祛斑的美容效果；配以白及粉，进一步消除痤疮、祛斑、防皱、光滑肌肤，明显改善肌肤黯沉、颜色不均等问题，使用者肌肤肤色提亮感觉明显。

（3）本产品加入藻朊酸钠，提高了肌肤毛孔的清洁能力；如果配以山梨醇和薄荷醇，可进一步锁住营养成分，其相互配合可以促进肌肤对营养物质的吸收，增强保水效果。

配方 16　玫瑰花氨基酸面膜

◀原料配比▶

原　料		配比（质量份）			
		1#	2#	3#	4#
混合原料1	1,3-丁二醇	3	3	2.8	3.3
	黄原胶	0.1	0.1	0.1	0.11
混合原料2	EDTA-2Na	0.03	0.03	0.029	0.32
	羟苯甲酯	0.1	0.1	0.1	0.1
	海藻糖	1	1	1.05	1
	鲸蜡硬脂基葡糖苷	0.8	0.8	0.81	0.79
	鲸蜡硬脂醇醚-6	0.56	0.56	0.56	0.56
混合原料3	透明质酸钠	0.05	0.09	0.47	0.048
	1,3-丁二醇	2	2	2	1.9
	甘油	—	1	1	1
混合原料4	尿囊素	0.4	0.3	0.39	0.41
	1-甲基乙内酰脲-2-酰亚胺	1	—	—	—
	β-葡聚糖	—	—	—	1.95
	甘草酸二钾	0.5	0.5	0.5	0.51
	芦荟提取物	—	—	2.9	—
	黄瓜提取物	—	—	1	—
	芸香苷	0.2	0.19	0.2	0.19
	龙舌兰茎提取物	0.01	0.02	0.015	0.01
混合原料5	碳酸二辛酯	1.5	1.52	1.48	1.5
	羟苯甲酯	0.025	0.025	0.025	0.025
	羟苯丙酯	0.0125	0.0125	0.0125	0.0125
	羟苯丁酯	0.0025	0.0025	0.0025	0.0025

续表

原　　料		配比（质量份）			
		1#	2#	3#	4#
混合原料6	玫瑰花氨基酸	1	0.99	1.01	1.01
	薰衣草油	—	—	0.002	0.0027
	三乙醇胺	0.30	0.03	0.03	0.029
	芦荟胶油	2	2.01	1.99	2.01
	双(羟甲基)咪唑烷基脲	0.10	0.1	0.1	0.1
	玫瑰花油	0.0025	0.0027	—	—
去离子水		85.0555	85.6427	81.4360	82.0803

《制备方法》

（1）精华液制备工艺：称取所需水，加热至80℃保温，分别称量并将混合原料1~4依次加入水中，搅拌，每组原料完全溶解后再加入后一组原料；称取并混合混合原料5，80℃溶解并保温，向以上混合体系缓缓加入80℃的混合原料5，高速搅拌至混匀；用乳化器高速乳化至均匀；缓慢搅拌并降温至45℃，加入称量混合好的混合原料6，搅匀；缓慢搅拌至精华液降至室温。

（2）将所述精华液灌入装有蚕丝面膜布的包装袋中，得到玫瑰花氨基酸面膜。

《产品应用》 本品是一种玫瑰花氨基酸面膜。

《产品特性》 本品制作简便，效果显著且稳定，不含人工色素和香精，安全性好，使用感觉柔和舒适，顺应性好；充分利用了玫瑰精油提取后的余留物，提高了玫瑰花的经济价值。

配方 17　玫瑰花蛋清面膜

《原料配比》

原　　料	配比（质量份）				
	1#	2#	3#	4#	5#
玫瑰花	20	30	25	23	27
薰衣草	10	15	12	11	14
艾草	10	15	12	11	13
桑白皮	5	15	10	8	13
石榴皮	8	15	12	10	14
乌梅	10	18	15	12	17
紫草	5	12	10	8	11
海藻粉	15	25	20	17	22
桃仁	15	25	18	16	20
川芎	8	18	15	12	16
白茯苓	10	20	16	14	18
胡萝卜	15	28	20	17	25
筋骨草	5	15	12	8	14
红景天	8	12	10	9	11
藕节	10	25	16	14	20

原　料	配比（质量份）				
	1#	2#	3#	4#	5#
椰榆皮	10	18	14	12	16
橙花	5	10	7	6	9
黑芝麻	7	12	10	8	11
葡萄籽油	35	65	50	42	58
鸡蛋清	适量	适量	适量	适量	适量

◀制备方法▶

（1）将玫瑰花、薰衣草、艾草、桑白皮、石榴皮、乌梅、紫草、海藻粉、桃仁、川芎、白茯苓、胡萝卜、筋骨草、红景天、藕节、椰榆皮、橙花和黑芝麻分别粉碎后过200目筛，得原料料粉。

（2）按比例称取步骤（1）制得的各原料料粉，将称取的原料料粉混合均匀，得混合料。

（3）取生鸡蛋，将蛋壳破小洞后分离出蛋清，按比例称取蛋清装入容器，搅拌至起泡，得蛋清泡沫；按比例称取葡萄籽油，与蛋清泡沫混合调匀成混匀液，将混匀液加入到步骤（2）制得的混合料中，搅拌均匀，调成糊状物。

（4）在100～110℃下对步骤（3）制得的糊状物进行熟化灭菌处理15～30min，即得本品玫瑰花蛋清面膜。

◀产品应用▶　本品是一种玫瑰花蛋清面膜。

使用方法如下：先用清水清洁面部，然后将本面膜敷于面部，厚度为1～5mm，20～40min后，将面膜去除，然后再用清水洗净。

◀产品特性▶　本产品原料均为纯天然物质，不含人工合成物质，便于自然分解，不会造成环境污染，没有毒副作用，不会引发皮肤过敏等不良反应。

配方18　抗炎美容面膜

◀原料配比▶

原　料	配比（质量份）		
	1#	2#	3#
芦荟	13	10	12
维生素E	5	4	5
葛根粉	13	9	11
生菜籽粉	23	18	20
去离子水	50	50	50
牛奶	4	3	3
L-精氨酸	7	5	6
海藻酸钠	4	3	4
角鲨烷	5	4	3
山楂黄酮	4	3	4
月见草提取物	4	3	4
鳄梨油	15	10	12

《制备方法》

（1）将所述质量份的芦荟、维生素 E，加入到粉碎机中制成 400 目的粉末。

（2）将所述质量份的葛根粉、生菜籽粉、步骤（1）中的粉末混合加入去离子水搅拌均匀，加入牛奶，在 72～78℃条件下 400r/min 的转速搅拌 30min。

（3）将所述质量份的 L-精氨酸、海藻酸钠、角鲨烷、山楂黄酮、月见草提取物、鳄梨油加入到双螺旋锥形混合机中，搅拌均匀。

（4）将步骤（2）中的混合物和步骤（3）中的混合物，共同加入到超声分散机中，在 42～58℃条件下，搅拌均匀即成。

《产品应用》　本品是一种具有美白、去油、紧肤、抗炎效果的美容面膜。

《产品特性》　本产品原料均为天然组分，对人体无刺激，美容效果好。

配方 19　泥炭面膜泥

《原料配比》

原　料	配比（质量份）		
	1#	2#	3#
泥炭粉	35	65	50
高岭土	10	20	15
糊精	5	10	7.5
透明质酸	1	2	1.5
维生素 E	0.4	1	0.7
甘油	5	10	7.5
丙二醇	0.5	2	1.25
聚乙烯醇（PVA）	0.1	1	0.75
去离子水	70	130	100

《制备方法》

（1）按比例将泥炭粉、高岭土、糊精混合均匀，形成混合粉体，备用。

（2）按比例分别称取透明质酸、维生素 E、甘油、丙二醇，混合均匀，充分搅拌，形成混合液，备用。

（3）按比例取聚乙烯醇和去离子水，加热到 90℃，充分搅拌后，制成聚乙烯醇溶液，冷却到 40℃，备用。

（4）将步骤（3）的聚乙烯醇溶液与步骤（2）的混合液混合，然后加入步骤（1）混合粉体，用搅拌机均匀搅拌得到泥炭面膜泥。

（5）将步骤（4）所得面膜泥放置 12h 后真空压缩包装。

《原料介绍》　所述的泥炭经冷冻粉碎机粉碎成粉末状，粒径 150～300 目。

所述的高岭土、糊精的粒径为 150～300 目。

《产品应用》　本品是用于促进皮肤酸碱度平衡、滋润、消炎、调节免疫等的一种泥炭面膜泥。

（1）泥炭含有丰富腐植酸和矿物质，具有消炎、滋润、收敛、免疫等功效。
（2）泥炭具有保湿保水作用，能有助于皮肤水分保持。

配方 20　排毒抗炎面膜

◀原料配比▶

原　　料	配比（质量份）				
	1#	2#	3#	4#	5#
富啡酸	0.5	0.8	1	1.2	1.5
芒果木瓜酶	0.3	0.8	1.8	2.4	3
菠萝蛋白酶	0.5	0.8	1	1.2	1.5
透明质酸钠	0.01	0.023	0.045	0.071	0.08
泛醇	0.3	0.41	0.55	0.70	0.8
维生素E	0.05	0.17	0.25	0.32	0.4
尿囊素	0.2	0.27	0.35	0.4	0.5
甘油	10	7.5	5.5	3.5	1
氯苯甘醚	0.1	0.15	0.2	0.25	0.3
氢氧化钠	0.05	0.062	0.075	0.084	0.1
海藻糖	0.1	1.5	2.5	3.4	5
丁二醇	1	2.5	5.5	7.5	10
氢化蓖麻油	0.01	0.12	0.26	0.31	0.5
卡波姆	0.1	0.2	0.3	0.4	0.5
去离子水	85.78	84.695	80.67	78.265	74.82

◀制备方法▶　将各组分原料混合均匀即可。

◀原料介绍▶

所述的芒果木瓜酶按如下方法制备：取新鲜木瓜和芒果，清洗干净后分块并杀菌，混入经过杀菌并充分溶解的红糖，木瓜、芒果、红糖按1∶1∶2的比例混匀，随后搅拌发酵一个月，最后再密封发酵2个月，得到芒果木瓜酶。

所述的菠萝蛋白酶按如下方法制备：取原材料菠萝洗净，将其压榨取汁，并滤去固体物；往滤液中加入无水氯化钙，经过搅拌除杂后离心取滤液，得到菠萝蛋白酶酶液；将菠萝蛋白酶酶液冷冻干燥得到成品菠萝蛋白酶。

◀产品应用▶　本品是一种排毒抗炎面膜。

◀产品特性▶　本产品中，富啡酸能够通过吸附皮肤表面污物和固定多种重金属离子，从而能深层清洁毛孔的污垢及毒素；菠萝蛋白酶能够抑制细菌的滋生，减缓皮肤瘙痒；芒果木瓜酶具有较高的清除自由基能力，较好的抗氧化活性，能阻断细菌滋长所需自由基的生成。长期使用该面膜可防止肌肤重金属中毒，同时能够减缓因重金属中毒引起的皮肤过敏等症状，并且其抗氧化能力能有效清除自由基，抑制细菌的滋生，减少炎症反应的刺激，使皮肤有效排毒的同时还能够抑菌并起到抗炎的功效，从而使肌肤恢复健康状态。

配方 21　排毒养颜面膜

◀原料配比▶

原　料	配比（质量份）		
	1#	2#	3#
珍珠粉	20	25	30
白丁香	5	6	7
陈皮粉	10	13	16
桂花花瓣	30	40	50
姜黄	2	3	4
当归	3	4	5
天花粉	8	10	12
甘草	4	5.5	7
蜂蜜	8	9	10
去离子水	15	20	25

◀制备方法▶

（1）桂花花瓣洗净，放入容器内，加水进行简易蒸馏，得桂花精华液，密封待用。

（2）白丁香、姜黄、当归、甘草研磨成粉，与陈皮粉、珍珠粉、天花粉过80目筛后混合均匀待用。

（3）将上述步骤所制得粉末混合，加入蜂蜜调成糊状物，取面膜布，快速将糊状物均匀涂在其上，真空封装即可。

◀产品应用▶　本品是一种排毒养颜面膜。

◀产品特性▶　本品选用原料中的中药成分，具有排毒、美白肌肤的功效，长期使用可有效促进皮肤新陈代谢，延缓衰老起皱。

配方 22　苹果面膜

◀原料配比▶

原　料	配比（质量份）		
	1#	2#	3#
青苹果汁	7	6	8
山梨醇	1	1	1
白油	6	5	7
乳化硅油	5	4	6
橄榄油	4	3	5
胶原蛋白	8	7	9
冰晶素 VC	10	9	11
葡聚糖	5	4	6
三甲基甘氨酸	5	4	6
卡姆树脂	7	6	8
透明质酸	5	4	6
三乙醇胺	2	1	3

◀制备方法▶

（1）将未成熟的青苹果去核破碎，并用榨汁机把破碎后的青苹果榨出青苹果汁。

（2）将步骤（1）所述的青苹果汁加热至80～90℃灭酶，冷却到60～70℃之后用膜过滤并作无菌处理。

（3）将步骤（2）处理后的青苹果汁和山梨醇按（6～8）∶1的质量比搅拌混匀，得到混合物Ⅰ。

（4）向步骤（3）所述的混合物Ⅰ加入白油、乳化硅油、橄榄油、胶原蛋白、冰晶素VC、葡聚糖、三甲基甘氨酸，搅拌混匀，得到混合物Ⅱ。

（5）向步骤（4）所述的混合物Ⅱ加入卡姆树脂、透明质酸、三乙醇胺，搅拌混匀，得到混合物Ⅲ。

（6）将步骤（5）所述的混合物Ⅲ乳化均质、冷却得到成品苹果面膜。

◀产品应用▶ 本品是一种苹果面膜。

◀产品特性▶

（1）本产品利用青苹果汁中单宁酸的美容功效，即收敛作用、防紫外线和美白作用，满足了现代女性的追求，提高了苹果的利用价值。

（2）本产品的制备方法操作简单，易于掌握，对设备要求较低，有利于实际操作和应用。

配方 23 山杏杜仲保湿滋润面膜

◀原料配比▶

原 料			配比（质量份）				
			1#	2#	3#	4#	5#
乳化剂	鲸蜡硬脂醇聚醚-6和橄榄油酸酯的混合物		2.3	1.4	2.3	2.3	2.3
	鲸蜡硬脂醇聚醚-6和橄榄油酸酯的混合物	鲸蜡硬脂醇聚醚-6	3	1	1	1	1
		橄榄油酸酯	1	3	3	3	3
助乳化剂	鲸蜡硬脂醇		0.12	0.08	0.12	0.12	0.12
	辛酸/癸酸甘油三酯（GTCC）		2.3	1.7	2.3	2.3	2.3
	棕榈酸乙基己酯		1.9	1.5	1.9	1.9	1.9
	维生素E乙酸酯		0.3	0.25	0.3	0.3	0.3
	杏仁油和杜仲油的混合物		0.6	0.4	—	—	—
	杏仁油和杜仲油的混合物	杏仁油	3（体积）	5	0.6	—	—
		杜仲油	1（体积）	1	—	0.6	—
溶剂	水		81	84	81	81	84.73
增稠剂	卡波姆		0.15	0.09	0.15	0.15	0.15
保湿剂	甘油		4.7	4.8	4.7	4.7	4.7
	丙二醇		5.4	4.7	5.4	5.4	5.4
	樱花提取物		0.15	—	0.15	0.15	0.15
	樱花提取物	水	15	—	15	15	15
		丁二醇	2.4	—	2.4	2.4	2.4
		樱花叶提取物	1.6	—	1.6	1.6	1.6

续表

原　料			配比(质量份)				
			1#	2#	3#	4#	5#
中和剂	三乙醇胺		0.08	0.05	0.08	0.08	0.08
防腐剂	PE9010 和羟苯甲酯		0.42	0.5	0.52	0.42	0.44
	PE9010 和羟苯甲酯	PE9010	3	2	3	3	3
		羟苯甲酯	1	1	1	1	1
皮肤调理剂	馨敏舒		0.2	0.16	0.2	0.2	0.2
	馨敏舒	红没药醇	4	4	4	4	4
		姜根提取物	1	1	1	1	1
	植物舒敏剂		0.21	0.19	0.11	0.21	0.21
	植物舒敏剂	水	25	25	25	25	25
		甘油	3	3	3	3	3
		海藻糖	1.3	1.3	1.3	1.3	1.3
		麦冬提取物	0.8	0.8	0.8	0.8	0.8
		扭刺仙人掌茎提取物	1.2	1.2	1.2	1.2	1.2
		苦参根提取物	0.9	0.9	0.9	0.9	0.9
	当归提取物混合物		0.15	0.15	0.15	0.15	0.15
	当归提取物	水	10	10	10	10	10
		丁二醇	1.5	1.5	1.5	1.5	1.5
		当归提取物	1.4	1.4	1.4	1.4	1.4
芳香剂	香精		0.02	0.03	0.02	0.02	0.02

◀制备方法▶

（1）将鲸蜡硬脂醇聚醚-6 和橄榄油酸酯的混合物、鲸蜡硬脂醇、GTCC、棕榈酸乙基己酯、维生素 E 乙酸酯与杏仁油和杜仲油的混合物加入到乳化锅内，加热至 75℃，搅拌至完全熔融。

（2）将水、卡波姆、甘油、丙二醇和羟苯甲酯加入到水相锅中，加热至 75℃，搅拌至混合均匀，并完全溶解。

（3）将步骤（2）中的溶液抽入乳化锅中，保持锅内压力为 5～20Pa，均质 3min。

（4）将步骤（3）中的原料降温至 60℃加入三乙醇胺、PE9010 和馨敏舒，搅拌均匀。

（5）将步骤（4）中的原料降温至 45℃加入植物舒敏剂、香精、樱花提取物和当归提取物混合物，搅拌均匀。

（6）将步骤（5）中的原料降温至 40℃后出料，即得山杏杜仲保湿滋润面膜。

◀原料介绍▶　　所述樱花叶提取物的提取方法如下：

（1）樱花叶晒干、粉碎成末，得到樱花叶末。

（2）用乙醇或乙酸乙酯溶解樱花叶末，加热回流提取 2～6h，浓缩提取液得粗浸膏 1。

（3）将步骤（2）中的提取后的残渣用水煮 5～12h，浓缩得到粗浸膏 2。

（4）将粗浸膏 1 和粗浸膏 2 混合，用乙醇或乙酸乙酯溶解，加热回流 3～6h，浓缩得到樱花叶提取物。

所述姜根提取物的提取方法如下：

（1）姜根晒干、粉碎成末，得到姜根末。

（2）用乙醇或乙酸乙酯溶解姜根末，加热回流提取 2～5h，浓缩提取液得粗浸膏 1。

（3）将步骤（2）中的提取后的残渣用水煮 5～10h，浓缩得到粗浸膏 2。

（4）将粗浸膏 1 和粗浸膏 2 混合，用乙醇或乙酸乙酯溶解，加热回流 2～6h，浓缩得到姜根提取物。

所述麦冬提取物的提取方法如下：

（1）麦冬晒干、粉碎成末，得到麦冬末。

（2）用乙醇或乙酸乙酯溶解麦冬末，加热回流提取 3～5h，浓缩提取液得粗浸膏 1。

（3）将步骤（2）中的提取后的残渣用水煮 4～10h，浓缩得到粗浸膏 2。

（4）将粗浸膏 1 和粗浸膏 2 混合，用乙醇或乙酸乙酯溶解，加热回流 2～5h，浓缩得到麦冬提取物。

所述扭刺仙人掌茎提取物的提取方法如下：

（1）扭刺仙人掌茎晒干、粉碎成末，得到扭刺仙人掌茎末。

（2）用乙醇或乙酸乙酯溶解扭刺仙人掌茎末，加热回流提取 3～8h，浓缩提取液得粗浸膏 1。

（3）将步骤（2）中的提取后的残渣用水煮 5～12h，浓缩得到粗浸膏 2。

（4）将粗浸膏 1 和粗浸膏 2 混合，用乙醇或乙酸乙酯溶解，加热回流 3～6h，浓缩得到扭刺仙人掌茎提取物。

所述苦参根提取物的提取方法如下：

（1）苦参根晒干、粉碎成末，得到苦参根末。

（2）用乙醇或乙酸乙酯溶解苦参根末，加热回流提取 2～6h，浓缩提取液得粗浸膏 1。

（3）将步骤（2）中的提取后的残渣用水煮 5～12h，浓缩得到粗浸膏 2。

（4）将粗浸膏 1 和粗浸膏 2 混合，用乙醇或乙酸乙酯溶解，加热回流 3～6h，浓缩得到苦参根提取物。

所述当归提取物的提取方法如下：

（1）当归晒干、粉碎成末，得到当归末。

（2）用乙醇或乙酸乙酯溶解当归末，加热回流提取 4～6h，浓缩提取液得粗浸膏 1。

（3）将步骤（2）中的提取后的残渣用水煮 3～9h，浓缩得到粗浸膏 2。

（4）将粗浸膏 1 和粗浸膏 2 混合，用乙醇或乙酸乙酯溶解，加热回流 3～7h，浓缩得到当归提取物。

◀产品应用▶ 本品是一种保湿效果好，同时滋润皮肤的山杏杜仲保湿面膜。

（1）本产品将杏仁油和杜仲籽油有效结合，大大提高了皮肤的抗老化性能，使皮肤保持弹性，同时有效降低了皮肤的过敏性反应。

（2）添加樱花提取物作为保湿剂，通过将天然保湿成分与人工合成保湿成分复合使用，大大延长皮肤的保湿时间，并且樱花提取物中富含的樱花嫩红素，可以使皮肤更加滋润。

配方 24 生物糖胶睡眠面膜

《原料配比》

原　料	配比（质量份）		
	1#	2#	3#
二丙二醇	3	5	4
丙二醇	2	4	3
甘油	0.5	3	2
生物糖胶-1	1.5	3	2
芦芭胶	1.5	5	3
熊果苷	0.5	1	0.8
抗坏血酸	0.2	1	0.6
L-精氨酸	2	3	2.5
木兰苷	0.2	0.5	0.3
PEG-12 聚二甲基硅氧烷	1	2	1.5
SEPIPLUS	4	2	1.7
GC-04 萃取物	0.5	1	0.8
玫瑰精油	0.1	0.2	0.15
檀香提取物	0.5	1	0.7
去离子水	85.2	68.3	76.95

《制备方法》

（1）清洗消毒并烘干所需器具、设备。

（2）按所述质量配比将所述二丙二醇、丙二醇、甘油、生物糖胶-1、芦芭胶、熊果苷、抗坏血酸、L-精氨酸、木兰苷、GC-04 萃取物均质 1min，然后按所述质量配比加入 PEG-12 聚二甲基硅氧烷，搅拌分散均匀。

（3）将所述质量配比的 SEPIPLUS 加入步骤（2）所得混合物中并搅拌分散均匀，然后按所述质量配比加入玫瑰精油、檀香提取物和去离子水。

（4）设置相对真空度为 -0.5MPa，采用分散机将步骤（3）所得混合物快速分散 15～20min，直至混合物增稠。

（5）将步骤（4）所得混合物均质 5～6min，直至没有颗粒物。

（6）将步骤（5）所得混合物搅拌均匀，即制得所述生物糖胶睡眠面膜。

《原料介绍》

所述 SEPIPLUS 400 由聚丙烯酸酯-13、聚异丁烯、聚山梨醇酯-20 组成。

所述 GC-04 萃取物包括羟基苯乙酮、甘油辛酸酯和辛酰羟肟酸。

《产品应用》 本品是一种生物糖胶睡眠面膜。

《产品特性》 本产品添加了生物糖胶-1，具有抗凝血、降血脂、抗慢性肾衰、抗肿瘤、抗病毒、促进组织再生、抑制胃溃疡、增强机体免疫机能等多种生理活性。能够作为保湿剂、祛皱剂、肌肤修复剂和肤感调节剂，而且没有面膜纸，可以长时间敷在面部，避免了面膜精华液的浪费。补水效果更好，能有效舒缓身心疲劳并提升睡眠质量，从而更好地促进肌肤在夜间的新陈代谢。

配方 25 石斛中药面膜

《原料配比》

原　料		配比（质量份）						
		1#	2#	3#	4#	5#	6#	7#
去离子水		100	100	100	100	100	100	100
1,2-丙二醇		10	10	10	10	10	10	10
1,3-丁二醇		5	5	5	5	5	5	5
黄原胶		5	5	5	5	5	5	5
透明质酸钠		0.4	0.4	0.4	0.4	0.4	0.4	0.4
中药组合物		3	3	3	3	3	3	3
防晒剂		2.1	2.1	2.1	2.1	2.1	2.1	2.1
生物防腐剂		0.06	0.06	0.06	0.06	0.06	0.06	0.06
中药组合物	石斛提取物	40	40	40	40	40	40	40
	灵芝提取物	30	30	30	30	30	30	30
	白芷提取物	30	30	30	30	30	30	30
防晒剂	黄芪甲苷	1	1	1	1	—	1	1
	芦丁	1	1	1	1	1	—	1
	黄芩苷	1	1	1	1	1	1	—
生物防腐剂	大黄素	1	—	1	1	1	1	1
	芦荟苦素	1	1	—	1	1	1	1
	桑色素	1	1	1	—	1	1	1

《制备方法》 将桑蚕丝营养面膜所用水刺无纺布裁剪成常规面膜大小后，浸泡在本品面膜液中；桑蚕丝营养面膜所用水刺无纺布与面膜液的质量体积比为 1g：25mL，浸泡时间为 30min，制得含有石斛的中药面膜。

《原料介绍》

所述的石斛提取物，可以通过市售或制备得到，制备方法可以为：取新鲜的石斛洗净，粉碎；用 90%～97% 的食用酒精浸泡 20～28h；将浸泡液回流提取 1～3次，每次 1～3h，得提取液；将所得的提取液回收酒精后，再浓缩、干燥，即得成品。

所述的灵芝提取物，可以通过市售或制备得到，制备方法可以为：取灵芝洗净，切片；用 90%～97% 的食用酒精浸泡 20～28h；将浸泡液回流提取 1～3次，每次

1～3h，得提取液；将所得的提取液回收酒精后，再浓缩、干燥，即得成品。

所述的白芷提取物，可以通过市售或制备得到，制备方法可以为：将 10g 白芷放入 100mL 丁二醇中，搅拌加热，100℃加热 2h，除去不溶物，将液体浓缩后得到冻干粉。

◀产品应用▶ 本品是一种石斛中药面膜。

使用方法为：使用面膜前，先深入清洁面部，再将面膜敷于面部，使面膜紧贴肌肤，15～25min 后，面膜活性物质被皮肤吸收，摘下面膜，无需水洗。

初次使用时，连用 3 天，每天 1 片，效果更佳，后续建议每周使用 2～4 次为佳；炎热天气，将面膜袋放入冰箱中冷藏后使用，会感觉更舒适，更美妙；寒冷天气，在 45℃的温热水中浸泡 5min，使面膜温度比体温稍高，用起来更舒服，而且温热的面膜更利于皮肤吸收；在沐浴后，或者用热毛巾敷面 10min 后使用，面部毛孔充分张开，更加有利于吸收面膜中的营养成分。

◀产品特性▶ 本品取材于大自然，产品安全可靠，能够有效美白补水，调节肌肤水油平衡，紧致肌肤，使肌肤充满活力。

配方 26　舒缓抗敏面膜

◀原料配比▶

原　　料	配比（质量份）		
	1#	2#	3#
卡波姆	0.1	0.6	0.3
甘油	4	2	3
1,3-丁二醇	4	7	6
生物多糖胶-1	10	0.1	3
舒敏组合物	2	8	5
保湿组合物	3	0.5	2
馨鲜酮	0.1	0.1	0.3
辛酰羟肟酸	0.9	0.1	0.4
三乙醇胺	0.1	0.6	0.3
EDTA-2Na	0.05	0.01	0.03
去离子水	加至 100	加至 100	加至 100

◀制备方法▶

（1）称取各个组分。

（2）将三乙醇胺加入 1/3 体积去离子水混合溶解完全成透明溶液，记为预制品 1。

（3）将 1/3 的去离子水抽入乳化锅中，3000r/min 均质，缓慢撒入亲水性聚合物，再加入剩余去离子水，均质 5min，加入甘油、1,3-丁二醇、EDTA-2Na 和馨鲜酮，升温至 80～85℃，抽最高真空保温，30～35r/min 搅拌 10～15min 至完全溶解。

（4）降温至 55～60℃，加入生物多糖胶-1、舒敏组合物、辛酰羟肟酸和高效保湿组合物，抽放真空消泡，30～35r/min 搅拌 6min。

（5）降温至 45～50℃时，加入预制品 1，30～35r/min 搅拌 5min。

（6）取样检测，合格后 40℃以下 300 目过滤出料。

《产品应用》 本品是一种舒缓抗敏面膜。

《产品特性》 本产品能有效地保护细胞，舒缓肌肤；增加肌肤的抵抗力，对皮肤和眼睛的刺激降到最低，同时还可以滋润和长效保湿肌肤。

配方 27 丝胶蛋白面膜精华液

《原料配比》

原　料	配比（质量份）	
	1#	2#
蚕丝胶蛋白	5	10
甘油	5	8
玫瑰花水	5	10
2,6-环氧己烯甘油醚	1	3
海藻糖	1	3
卡波姆	0.1	0.3
尿囊素	0.05	1
透明质酸钠	0.1	0.3
EDTA-2Na	0.05	0.1
甘油辛酸酯	1	3
马齿苋提取物	0.1	1
积雪草提取物	0.1	1
光果甘草提取物	0.1	1
玉竹提取物	0.1	1
银杏提取物	0.1	1
高山火绒草提取物	0.1	1
小叶海藻提取物	0.1	1
桑果提取物	0.1	1
去离子水	30	55

《制备方法》

（1）制备蚕丝胶蛋白：选取优质的全天然无丝素全丝胶蚕茧，摘除表面的杂质后在 50～60℃温度下恒温鼓风机中烘 10min，再粉碎成全丝胶粉末；将全丝胶粉末加入到 100 倍质量的质量分数为 0.4%～1% 的碳酸氢钠溶液中，在 65℃下的恒温水浴中水解 0.5～2h；将水解所得的丝胶液过 200～400 目的滤纱除去杂质，过滤得到的全丝胶原液渗析 4h 脱盐，即制得蚕丝胶蛋白。

（2）成品配制：将甘油、卡波姆、尿囊素、透明质酸钠、EDTA-2Na、海藻糖和去离子水加热升温至 80～85℃，然后以 2600～3000r/min 的转速搅拌溶解均匀后，依次加入玫瑰花水、2,6-环氧己烯甘油醚、马齿苋提取物、积雪草提取物、光果甘草提取物、玉竹提取物、银杏提取物、高山火绒草提取物、小叶海藻提取物和桑果提取物，混合均匀构成水相，待水相温度降低至 60～50℃时，将蚕丝胶蛋白和甘油辛酸酯加入，搅拌均匀，即可得到丝胶蛋白面膜精华液。

《原料介绍》

所述的玫瑰花水采用的是保加利亚玫瑰蒸馏得到的玫瑰纯露。

所述的透明质酸钠的分子量为 1000000～1800000。

所述的马齿苋提取物、积雪草提取物、光果甘草提取物、玉竹提取物、银杏提取物、高山火绒草提取物、小叶海藻提取物和桑果提取物都是采用常规的压榨蒸馏法、有机溶剂浸提法或者超临界萃取法制得。

《产品应用》 本品是一种丝胶蛋白面膜精华液。

《产品特性》

(1) 本产品具有良好的滋养、修护、控油功能，能改善皮肤干燥引起的细纹、黯沉、毛孔粗大等问题。

(2) 保持了丝胶蛋白的活性，使皮肤旧角质消除、脱落。

(3) 纯丝胶原液中的酪氨酸、色氨酸、苯丙氨酸等能有效吸收紫外线，防止日光中紫外线对皮肤的损伤。

(4) 抗氧化性高，能有效抑制酪氨酸酶活性，因此能阻止皮肤中黑色素的形成，美白肌肤。

(5) 具有很强的抗菌性，并具有杀菌除螨作用。

配方 28　杨梅渣百花面膜

《原料配比》

原　料	配比（质量份）	
	1#	2#
杨梅渣	800	600
新鲜石榴籽	170	160
新鲜葡萄籽	110	120
玫瑰花	200	180
芍药花	140	130
金盏花	140	130
山茶花	150	130
鸡蛋花	100	90
木芙蓉花	70	70
石榴花	30	40
木棉花	30	40
紫草	100	120
甘油	50	70
玻尿酸原液	3	4
竹炭粉	80	100
水解大米蛋白	20	20
去离子水	适量	适量

◆ 制备方法 ▶

（1）将玫瑰花、芍药花、金盏花、山茶花、鸡蛋花、木芙蓉花、石榴花、木棉花以及紫草在破壁料理机中粉碎，然后利用蒸馏法提取混合物精油。

（2）将石榴籽、葡萄籽以及适量的去离子水加入高速粉碎机粉碎成为浆状物，将此浆状物加入到离心机中进行固液离心分离，其液体部分在3～5℃的低温环境下静置20～30min备用。

（3）将杨梅渣以及步骤（2）中的固液离心分离的固体废渣一同封装在纱布包中，加入容器中，同时按照料、液质量比（1∶8）～（1∶10）的比例加水，2～3次煎煮后，合并煎煮液，减压常温浓缩，浓缩至相对密度为1.05～1.15的清膏。

（4）取步骤（1）制备的精油、步骤（2）中的静置液以及步骤（3）中的清膏，与甘油、竹炭粉、玻尿酸原液以及水解大米蛋白一并加入容器中，在3～5℃的低温环境下，以60～90r/min的低速单向搅拌30～40min，然后静置10～15min后过滤。

（5）将无纺布或者面膜纸放入步骤（4）的滤液中浸渍，浸渍时间为8～15min，浸渍完成后包装即得成品。

◆ 原料介绍 ▶ 所述杨梅渣为利用杨梅酿制杨梅酒之后分离过滤并干燥至含水量小于12%的杨梅渣。

所述玫瑰花、芍药花、金盏花、山茶花、鸡蛋花、木芙蓉花、石榴花、木棉花以及紫草均为近3～5天内采摘并通过保鲜保存处理的新鲜原料。

◆ 产品应用 ▶ 本品主要用于老龄化的、黯淡的干性皮肤，可以舒缓皮肤紧绷程度、减缓面部皮肤衰老。

◆ 产品特性 ▶ 本产品能有效将护肤成分与营养成分进行最优比例协调并促进人体吸收，且尤其适合老龄化的、黯淡的干性皮肤使用，可以舒缓皮肤紧绷程度、减缓面部皮肤衰老。

配方 29　杨梅渣竹盐面膜

◆ 原料配比 ▶

原　　料	配比（质量份）	
	1#	2#
杨梅渣	800	700
竹盐	180	180
新鲜莲子	200	180
黄芪	200	180
白芷	140	120
附子	70	70
杨梅树根	70	60
葡萄籽	180	180

续表

原　料	配比（质量份）	
	1#	2#
金盏花	130	130
紫草	130	130
玫瑰花	130	130
甘油	80	70
竹炭粉	110	100
去离子水	适量	适量

《制备方法》

（1）将金盏花、紫草、玫瑰花在蒸馏器中提取混合物精油。

（2）将新鲜莲子、葡萄籽加入高速粉碎机粉碎成为浆状物，将此浆状物加入到离心机中进行固液离心分离，其液体部分与步骤（1）中制得的混合物精油混合，然后在 3~5℃的低温环境下搅拌均匀后静置备用。

（3）将黄芪、白芷、附子、杨梅树根、杨梅渣以及步骤（2）中的固液离心分离的固体废渣一同封装在纱布包中，加入容器中，同时按照料、液质量比 1 :（8~10）的比例加水，2~3 次煎煮后，合并煎煮液，减压常温浓缩，浓缩至相对密度为 1.05~1.15 的清膏。

（4）取步骤（2）中的静置液以及步骤（3）中的清膏，与甘油、竹炭粉以及竹盐混合后一并加入容器中，在 3~5℃的低温环境下，以 60~90r/min 的速度单向搅拌 30~40min，然后静置 10~15min 后过滤。

（5）将无纺布或者面膜纸放入步骤（4）的滤液中浸渍，浸渍时间为 8~15min，浸渍完成后包装即得成品。

《原料介绍》 所述杨梅渣为利用杨梅酿制杨梅酒之后分离过滤并干燥至含水量小于 12% 的杨梅渣。

《产品应用》 本品主要用于清透毛孔、平衡油脂、舒缓面部神经、减缓面部皮肤衰老。

《产品特性》 本品带有淡淡清香，能有效舒缓神经、解除疲劳，通过不同材料的复配将精油以及药物煎煮液中的有效成分合理利用，再配合竹炭粉以及竹盐，能有效清透毛孔、平衡油脂，同时还能有效舒缓面部神经、减缓面部皮肤衰老。

配方 30　天然遮瑕面膜

《原料配比》

原　料	配比（质量份）		
	1#	2#	3#
牛奶	10	20	30
玫瑰花瓣	40	55	70
鸡蛋	20	25	30

续表

原　　料	配比（质量份）		
	1#	2#	3#
芦荟	15	20	25
银耳粉	10	15	20
去离子水	30	40	50

◀制备方法▶

（1）玫瑰花瓣洗净，放入容器内，加入去离子水，减压蒸馏得玫瑰精华液。

（2）鸡蛋打入牛奶中，用力搅拌，打散并混合均匀待用。

（3）芦荟去皮，切块加入搅拌机中搅成浆状待用。

（4）将上述步骤所制物混合，加入银耳粉，高速搅拌至无明显颗粒沉降，浸入面膜布20min，取出真空封装。

◀产品应用▶　本品是一种天然遮瑕面膜。

◀产品特性▶　所选取的原材料均为天然无公害物，不添加任何化学添加剂，对人体皮肤无刺激，能有效去除角质，对面部皮肤起到杀菌、滋润保养的作用。

配方31　中药改善睡眠面膜

◀原料配比▶

原　　料	配比（质量份）
酸枣仁	9
柏子仁	18
茯苓	8
玫瑰精油	0.7
卡拉胶	2
丙二醇	8
透明质酸	0.1
尼泊金乙酯	0.5
苯甲醇	1
小麦胚芽油	7
吐温-80	2
去离子水	加至100

◀制备方法▶

（1）取酸枣仁、柏子仁和茯苓，加水煎煮两次，第一次加6～10倍水煎煮2h，第二次加6～10倍水煎煮2h，合并两次煎液，滤过，浓缩，冷藏静置15h，滤过，得中药提取液。

（2）将中药提取液、卡拉胶、丙二醇、透明质酸和去离子水混合加热至70℃，搅拌均匀。

（3）将小麦胚芽油和吐温-80混合搅拌均匀后，加入到步骤（2）物料中，待其温度冷却至40℃时加入苯甲醇、尼泊金乙酯和玫瑰精油，继续搅拌20min，静置，

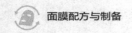

浸于无纺布上，经无纺布吸收，再经成型、无菌包装制成面膜。

《产品应用》 本品是一种平衡阴阳、改善睡眠的中药面膜。

《产品特性》 本产品所述各原料理化性质产生协调作用，可以平衡阴阳、改善睡眠；pH 值与人体皮肤的 pH 值接近，对皮肤无刺激性；使用后明显感到舒适、柔软，无油腻感，具有明显的调和气血、护肤保健的效果。

配方 32　中药护肤保健面膜

《原料配比》

原　料	配比（质量份）		
	1#	2#	3#
红景天	10	20	10～20
白芷	15	25	15～25
龙胆草	5	15	5～15
藏红花	15	35	15～35
金银花	5	15	5～15
白蒺藜	5	25	15
白果仁	2	12	8
川芎	5	15	10
狗脊	2	10	5
火棘	2	12	8
杏仁	5	15	10
百合	15	30	23
麦冬	5	15	10
续断	2	12	5
糯米粉	30	50	40
珍珠粉	20	40	30
甘油	10	15	12
蜂蜜	5	10	9
白蜂蜡	10	15	12
深海鱼油	5	10	5
凡士林	15	18	16
去离子水	适量	适量	适量

《制备方法》

（1）按质量份称取原料：红景天 10～20 份，白芷 15～25 份，龙胆草 5～15 份，藏红花 15～35 份，金银花 5～15 份，分别将各原料清洗和杀菌消毒；然后，将原料直接置于−20℃温度下冷冻 3h；将冷冻后的原料放入真空压力 0.018MPa、温度为 40～45℃的真空容器中脱水干燥 5h，形成冻干原料；将各原料分别放到温度为 15～18℃和相对湿度≤20% 的环境中超微粉碎形成冻干粉，获得粒径为 30～40 目的颗粒；然后将所有冻干原料颗粒混合，球磨粉碎获得粒径为 230～270 目的冻干混合粉。

（2）按质量份称取原料：白蒺藜 5～25 份，白果仁 2～12 份，川芎 5～15 份，狗脊 2～10 份，火棘 2～12 份，杏仁 5～15 份，百合 15～30 份，麦冬 5～15 份，续断 2～12 份，先将各原料清洗，浸泡 5h，然后加入原料体积的 2 倍的水熬制 3 次，每次熬制至水分是初始水分的 1/3 时结束，获得混合熬制液。

（3）按质量份称取原料：糯米粉 30～50 份，珍珠粉 20～40 份，加入所述步骤（2）制备的混合熬制液中，并加入所述步骤（1）制备的冻干混合粉搅拌混合均匀。

（4）按质量份取原料：甘油 10～15 份，蜂蜜 5～10 份，白蜂蜡 10～15 份，深海鱼油 5～10 份，凡士林 15～18 份，进行溶解混合。

（5）将所述步骤（3）制备的混合液与所述步骤（4）制备的溶解混合物混合、搅拌均匀，搅拌速率为 80r/min，搅拌时间为 3h，形成乳膏。20～25℃温度条件下静置 5h。

◀产品应用▶ 本品是一种中药护肤保健面膜。

◀产品特性▶ 本品具有良好美白、祛斑、抗氧化的功效，且各组分之间相互作用，能够有效抑制黑色素的生成，保湿、美白效果良好。

配方 33 中药抗过敏美容面膜

◀原料配比▶

原　　料	配比（质量份）			
	1#	2#	3#	4#
升麻	45	35	50	55
羌活	15	5	20	15
徐长卿	50	50	45	45
艾叶	6	8	1	10
白附子	10	15	20	5
蛇床子	10	5	5	20
花椒	6	10	5	1
漏芦	15	8	25	15
白鲜皮	30	25	20	30
防己	38	30	45	38
龙葵	15	25	20	10
炒苍术	12	5	18	12
枳实	30	20	40	30
橘皮	30	35	20	40
竹叶	40	35	45	50
石膏	60	50	55	65
芒硝	90	80	100	90
苦参	30	35	25	20
蚕砂	10	5	15	10
石南草	12	5	15	20
赤小豆	36	45	30	30
柿树叶	30	25	35	30
土茯苓	30	35	25	30

原　料	配比（质量份）			
	1#	2#	3#	4#
枸杞	20	15	25	20
何首乌	30	20	35	30
红景天	20	25	15	20
洛神花	30	33	20	30
芫蔚子	38	30	40	38
楮桃叶	50	55	40	50
大枫子仁	30	25	35	30
迷迭香	30	—	25	35
蜂蜜	60	400	1000	800
去离子水	适量	适量	适量	适量

《制备方法》

（1）将原料药按质量份称好，分别研磨，过筛，得100～200目细粉。

（2）将步骤（1）所得细粉加去离子水并加热至沸腾，浓缩，冷却，得浓缩液；加水量与细粉质量比为（2～5）∶1。

（3）将步骤（2）所得浓缩液与蜂蜜混合均匀，得中药抗过敏美容面膜。

《产品应用》 本品是一种中药抗过敏美容面膜。

《产品特性》 本产品多种中药成分协同作用，在抗敏舒缓、滋养肌肤的同时，还能够有效缓解已发过敏症状，而且能够由内而外地调理肌肤机能。

配方 34　滋养睡眠面膜

《原料配比》

原　料	配比（质量份）				
	1#	2#	3#	4#	5#
去离子水	75	79.6	76.67	78.75	77
甘油	6	5.5	6.2	5	7
尿囊素	0.3	0.26	0.18	0.3	0.15
丙二醇	5	4.5	5.6	4.2	5.2
卡波姆	0.4	0.32	0.46	0.43	0.47
矿油	4	2.5	3.2	3	3
聚二甲基硅氧烷	3.4	2.5	2.8	3.2	3
聚山梨醇酯-60	0.3	0.2	0.41	0.3	0.3
丙烯酸钠/丙烯酰二甲基牛磺酸钠共聚物	0.3	0.2	0.28	0.3	0.2
异十六烷	2	1.5	1.2	1.8	1.2
聚山梨醇酯-80	0.4	0.2	0.3	0.32	0.2
羟苯甲酯	0.18	0.22	0.18	0.2	0.17
三乙醇胺	0.38	0.4	0.28	0.2	0.36
燕麦肽	0.7	0.6	0.77	0.72	1
水解 β-葡聚糖	0.4	0.3	0.43	0.36	0.2

续表

原　料	配比（质量份）				
	1#	2#	3#	4#	5#
玫瑰花提取物	0.6	0.42	0.38	0.3	0.27
玫瑰花油	0.04	0.03	0.04	0.02	0.02
双（羟甲基）咪唑烷基脲	0.1	0.15	0.17	0.16	0.11
乙基己基甘油	0.2	0.32	0.29	0.25	0.24
苯氧乙醇	0.3	0.28	0.16	0.19	0.18

◀制备方法▶

（1）将去离子水、甘油、尿囊素和丙二醇加入到乳化锅中均质，再加入卡波姆，均质至以上物料分散均匀无颗粒后，打开蒸汽加热至80～85℃，搅拌均匀，待用；将矿油、聚二甲基硅氧烷和聚山梨醇酯-60加入油相锅加热到80～85℃，使其完全溶解，待用。

（2）抽真空将油相锅物料抽入乳化锅中，高速均质3min后，加入丙烯酸钠/丙烯酰二甲基牛磺酸钠共聚物、异十六烷、聚山梨醇酯-80和羟苯甲酯，均质3min，使各物料分散溶解均匀，乳化锅保温20min后，打开冷却水开始降温。

（3）降温至60℃，加入三乙醇胺，搅拌均匀，保温抽真空消泡，待无泡后继续降温；降温至45℃，加入燕麦肽、水解β-葡聚糖、玫瑰花提取物和玫瑰花油，搅拌，转速为25r/min。

（4）降温至42℃时关闭冷却水停止降温，加入双（羟甲基）咪唑烷基脲、乙基己基甘油和苯氧乙醇，搅拌均匀后，用300目的滤布过滤出料。

（5）将上述出料附着在面膜层上。

◀产品应用▶　本品是一种滋养睡眠面膜。

◀产品特性▶　本品使用含丰富的矿物质及维生素的天然物提取物，温和无刺激，无副作用。

四、紧肤面膜

配方1 茯苓泥面膜

【原料配比】

原料		配比（质量份）		
		1#	2#	3#
茯苓泥		15	20	10
保湿剂		8	5	10
增黏剂		0.5	1	0.8
金属离子螯合剂	左旋维生素C	3	—	—
	柠檬酸	—	8	10
防腐剂	苯氧乙醇	0.06	—	0.05
	桑普K15	—	0.08	—
增白剂	传明酸	4	—	—
	熊果苷	—	2	—
	烟酰胺	—	—	3
营养添加剂	神经酰胺	—	3	—
	蚕丝蛋白粉	5	3	8
	胶原蛋白粉	5		
去离子水		59.44	57.92	58.15
保湿剂	甘油	1	1	1
	丙二醇	—	—	0.2
	丁二醇	0.15	0.05	0.05
	透明质酸钠	0.4	0.6	0.6
增黏剂	高分子纤维素	1	2	2
	汉生胶	1	1	1

【制备方法】 首先将茯苓泥与去离子水混合，加热到40～60℃保温2～3h，然后冷却至室温得到茯苓泥溶液；将保湿剂、金属离子螯合剂、防腐剂、增白剂与营

养添加剂溶于去离子水中，加入茯苓泥溶液继续搅拌，边搅拌边加入增黏剂和去离子水，搅拌均匀后得到茯苓泥面膜。

◀原料介绍▶ 所述茯苓泥采用以下方法制备得到：

（1）茯苓预处理：将茯苓用 0.02%～0.04% 碳酸氢铵溶液浸泡 2～4h，洗净后，捣碎。

（2）提取：步骤（1）捣碎的茯苓占 10%～20%，加入 80%～90% 去离子水，然后在 80～95℃ 进行提取，获得提取料液。

（3）根据步骤（2）中提取的料液量，称取料液量 0.1%～0.2% 的结冷胶，将结冷胶用 15～25 倍去离子水进行溶胀处理得到结冷胶溶液，将溶胀后的结冷胶溶液加入步骤（2）获得的提取料液中，搅拌均匀获得茯苓泥。

◀产品应用▶ 本品主要用于增加皮肤表皮水分，具有美白、消炎、紧肤、除皱的功效。

◀产品特性▶

（1）茯苓泥面膜的保湿性好，面敷 15min 后的皮肤水分增长率为 31% 以上，能明显改善肤色、滋润肌肤、有效防止肌肤衰老、减少皱纹。而且该面膜所加辅料均具亲水或水溶性，易于皮肤吸收，用后直接用水洗净即可，使用方便。

（2）本产品安全无刺激，长期使用没有依赖性，适合所有肌肤类型人群使用。

配方 2　改善肤质的中药面膜

◀原料配比▶

原料	配比（质量份）				
	1#	2#	3#	4#	5#
金银花	10	20	12	18	15
薏米	10	20	12	18	15
桑白皮	5	15	8	12	10
蒲公英	10	20	12	18	15
重楼	3	9	5	7	6
皂角刺	2	10	4	8	6
宝盖草	5	10	6	9	8
白细辛	8	15	10	13	12
白芍	8	15	10	13	12
白术	8	15	10	13	12
白茯苓	8	15	10	13	12
淮山药	18	25	20	23	22
连翘	3	8	4	6	35
白丁香	2	5	2	5	4
百合	1	5	2	4	3
野菊花	10	20	12	18	15
芦荟榨汁	2	5	3	5	4

续表

原料	配比(质量份)				
	1#	2#	3#	4#	5#
珍珠粉	20	30	22	28	25
蜂蜜	10	20	12	18	15
去离子水	适量	适量	适量	适量	适量

《制备方法》 将金银花、薏米、桑白皮、蒲公英、重楼、皂角刺、宝盖草、白细辛、白芍、白术、白茯苓、淮山药、连翘、白丁香、百合和野菊花按质量份置于容器内,加入去离子水煎熬,5～10h后隔渣取清液冷却至室温;将规定质量份的芦荟榨汁;将珍珠粉和蜂蜜按质量份和上述清液以及芦荟汁搅拌混合均匀得到面膜营养液,将面膜的印膜充分浸泡在营养液中,杀菌处理后分装即可。

《产品应用》 本品是一种改善肤质的中药面膜。

《产品特性》 本品采用的是纯天然药物组合,无毒副作用,使用简单方便,且能提高免疫力。

配方3 含表皮生长因子的面膜

《原料配比》

原料	配比(质量份)
表皮生长因子	0.07
金属硫蛋白	0.3
维生素A	0.2
硬脂酸	2
阿拉伯胶	2
β-葡聚糖	0.3
甘油	1
单硬脂酸甘油酯	1
卡波姆940	0.3
胶原蛋白	3
聚乙烯醇	2
乳酸钙	0.7
透明质酸	0.2
去离子水	加至100

《制备方法》

(1) 将表皮生长因子、金属硫蛋白、维生素A、硬脂酸、阿拉伯胶、β-葡聚糖、甘油、单硬脂酸甘油酯、卡波姆940、胶原蛋白、聚乙烯醇和透明质酸溶于去离子水中,混合加热至30℃,形成无色透明溶液。

(2) 将乳酸钙加入步骤 (1) 所得的无色透明溶液中,调节其pH值为5.5,于-10℃放置10h,倒在尺寸为15cm×15cm、深度为1mm的平板上,70℃下烘40h,

制得含有表皮生长因子的透明面膜。

◀产品应用▶　本品是一种促进新陈代谢、改善肌肤微循环的含表皮生长因子的面膜。

◀产品特性▶　本产品各原料理化性质产生协调作用，可以促进新陈代谢、改善肌肤微循环；本品 pH 值与人体皮肤的 pH 值接近，对皮肤无刺激性；使用后明显感到舒适、柔软，无油腻感，具有明显的紧致亮白、滋润养肤的效果。

配方4　海参提取物滋养面膜

◀原料配比▶

原料		配比(质量份)		
		1#	2#	3#
去离子水		82	82	82
甘油		2	2	2
丁二醇		3	3	3
海参胶原蛋白水解多肽		0.7	0.8	0.9
海参多糖		0.9	1	1.1
海参皂苷		0.1	0.2	0.3
透明质酸		0.05	0.05	0.05
β-葡聚糖		1	1	1
维生素 E		0.5	0.5	0.5
熊果素		5	5	5
芦荟提取物		0.8	0.8	0.8
黄原胶		0.7	0.7	0.7
薄荷醇乳酸酯		1	1	1
氮酮		0.9	0.9	0.9
防腐剂	碘丙炔醇丁基氨甲酸酯(IPBC)	0.05	0.05	0.05
	双(羟甲基)咪唑烷基脲	0.2～0.3	0.2～0.3	0.2～0.3
香料	薰衣草油	0.05	0.05	0.05

◀制备方法▶

（1）海参胶原蛋白水解多肽、海参多糖、海参皂苷的提取：鲜活海参经绞碎、清洗、酶解、沉淀、过滤、过柱、膜分离和烘干等工艺，获得固态粉末状海参胶原蛋白水解多肽、海参多糖、海参皂苷等海参活性物质。

（2）分别按质量份称取去离子水、甘油、丁二醇、海参胶原蛋白水解多肽、海参多糖、海参皂苷、透明质酸，混合均匀。

（3）将步骤（2）得到的混合物在水相锅中高速均质分散至完全溶解，均质反应条件为 80℃，均质 5min，保温搅拌 20min。

（4）温度降至 45℃时，按质量份加入维生素 E、熊果素、β-葡聚糖、芦荟提取物、薄荷醇乳酸酯、黄原胶、氮酮、防腐剂、香料，搅拌使其完全溶解。

（5）温度降至 40℃时，以 100 目滤布过滤，收集滤液，然后将无纺布或蚕丝面膜纸放入面膜液中浸泡 15min 后，包装即得海参提取物滋养面膜。

◀原料介绍▶ 所述芦荟提取物是指将原料破碎为 30 目左右的样品粉末，然后用 70% 的乙醇提取，再用大孔树脂吸附的方法进行纯化，再将溶液过滤即可得到。

◀产品应用▶ 本品是一种海参提取物滋养面膜。

◀产品特性▶ 本品具有杀菌、抗衰老、抗氧化、为机体补充负离子、深层保湿和提高肌肤免疫力等功效；本品修复皮肤损伤、提高皮肤中 SOD 和 GSH-PX 含量、易被人体吸收。

配方5 金花茶面膜粉

◀原料配比▶

原料		配比（质量份）		
		1#	2#	3#
金花茶叶提取液		40	20	30
金花茶花粉		60	30	45
薰衣草提取物		6	3	5
玉米淀粉		15	7	10
超细高岭土粉	细度 600 目	8	—	—
	细度 400 目	—	5	—
	细度 500 目	—	—	6
滑石粉	细度 100 目	15	—	—
	细度 200 目	—	6	—
	细度 150 目	—	—	8
维生素 E		2	1	1.5

◀制备方法▶

（1）粉碎：将金花茶花低温真空干燥粉碎至 200 目，得金花茶花粉。

（2）混合：按配比称取薰衣草提取物、玉米淀粉、超细高岭土粉、滑石粉混合后过 100 目筛，加入金花茶叶提取液、步骤（1）的金花茶花粉和维生素 E，投入反应釜，搅拌混匀后卸料。

（3）干燥：将步骤（2）的物料干燥至含水量为 13%～18%，得面膜粉。

（4）将步骤（3）的面膜粉过 60 目筛。

（5）将步骤（4）过筛的面膜粉放入微波杀菌设备，控制温度在 70～85℃，杀菌 3～5min。

（6）包装：将步骤（5）杀菌的面膜粉定量装到铝箔袋中，常温干燥储存。

◀原料介绍▶ 所述金花茶叶提取液为山茶科植物金花茶的叶经 CO_2 超临界技术萃取获得。

◀产品应用▶ 本品是一种金花茶面膜粉。

使用方法：加适量水调成糊状敷面，待面膜糊干燥后剥离。

◀产品特性▶ 本品有薰衣草淡淡的香味，同时能够使金花茶的有益成分被皮肤充分吸收，可改善肤质，提亮肤色，使女性朋友的皮肤得到全面改善。铝箔袋无毒无味，符合食品、药品包装卫生标准，不仅能阻隔空气、防氧化、防水、防潮，还能延长面膜粉的有效期。

配方6 紧致肌肤的面膜

◁原料配比▷

原料	配比（质量份）							
	1#	2#	3#	4#	5#	6#	7#	8#
白附子	12	10	12	10	12	15	13	15
白茯苓	25	20	25	20	26	30	24	30
白蜡	6	3	6	5	5	3	7	10
青木香	18	15	16	15	18	15	18	20
川芎	17	15	18	20	18	15	16	20
防风	—	—	8	8	10	8	9	12
细辛	—	—	10	10	11	10	11	13
地黄	—	—	7	7	8	12	8	12
北芪	—	—	12	12	10	12	10	11
何首乌	—	—	—	—	12	15	13	15
银杏	—	—	—	—	10	12	12	13
白前	—	—	—	—	10	13	13	8
白丑	—	—	—	—	—	—	10	8
淮山药	—	—	—	—	—	—	8	6
白蔹	—	—	—	—	—	—	8	7
葡萄籽	—	—	—	—	—	—	10	12
去离子水	适量	适量	适量	适量	适量	适量	适量	适量
面粉	适量	适量	适量	适量	适量	适量	适量	适量

◁制备方法▷

（1）将原料配比表中除去离子水和面粉外的其余组分分别洗净，烘干，用粉碎机粉碎后过120目筛，按比例混合，备用。

（2）将备用物料放入锅内，加入适量去离子水，大火煮沸后改用小火慢煎40～50min，关火冷却至室温，过滤。

（3）向步骤（2）的滤液中加入适量面粉，一边加入一边搅拌，直至溶液成膏状即可。

◁产品应用▷ 本品是一种紧致肌肤的面膜。

使用时，将面膜均匀敷在脸上形成薄膜，促使药物与皮肤充分接触并渗透皮肤。敷15min后用清水洗净即可，一周使用2～3次为宜。

◁产品特性▷ 本产品制备方法简单、成本低廉，采用大火煮沸后小火熬制可使药效得到充分发挥，具有增加肌肤弹性、修复细纹、重建肌肤纹理、减缓肌肤衰老和使皮肤莹润有光泽的功效。本产品使用方便，不会产生任何副作用，疗效短、见效快，可长期使用。

配方 7　美容护肤面膜

《原料配比》

原料	配比（质量份）		
	1#	2#	3#
胶原蛋白	5.5	4	6
马齿苋提取物	2	3	1
金缕梅提取物	2	1	3
黄葵提取物	3	2	2
人参根提取物	2	3	4
麝香草提取物	1	1	1
蜜蜂花提取物	1	1	1
甘油	8	8	8
鲸蜡硬脂醇醚-25	2	1.5	1
去离子水	73	75	72
柠檬酸	0.5	0.5	1

《制备方法》

（1）将胶原蛋白、马齿苋提取物、金缕梅提取物、黄葵提取物、人参根提取物、麝香草提取物、蜜蜂花提取物、甘油、鲸蜡硬脂醇醚-25和去离子水置于反应釜中混合搅拌，得到混合液；反应釜混合搅拌的条件为：混合温度50～70℃，混合时间0.5～2h，搅拌转速40～60r/min。

（2）用柠檬酸调节混合液的pH值为5.5～7，得到面膜原液。

（3）将面膜载体置于面膜原液中浸泡15～30min，然后取出，真空封装，得到美容护肤面膜。

《产品应用》　本品是一种美容护肤面膜。

《产品特性》　本产品采用天然植物防腐剂、浓缩高纯度活性成分，可以超强高效地渗透皮肤。植物防腐技术温和、安全、无副作用，无化学防腐剂对肌肤的刺激和致敏。本产品可以解决面膜添加化学防腐剂的问题，并有很好的清洁、控油、修复效果。

配方 8　清亮滋养柔肤面膜液

《原料配比》

原料	配比（质量份）
尿囊素	0.1
黄原胶	0.15
甘油	4
丁二醇	3
透明质酸钠	0.03

续表

原料	配比（质量份）
羟乙基尿素	1
山梨醇	1
抗坏血酸磷酸酯钠	1
熊果叶粉	2
黄瓜果提取物	0.2
葡萄柚果皮提取物	0.5
石榴果皮提取物	0.1
碘丙炔醇丁基氨甲酸酯	0.2
双咪唑烷基脲	0.2
香精	0.3
去离子水	86.22

◆制备方法▶

（1）对所用生产设备进行清洗消毒，按配方准确称量各组分。

（2）在无菌条件下，将甘油、丁二醇加入搅拌罐，再缓慢加入去离子水，于80℃搅拌至完全溶解、透明，保温10min灭菌，得到混合物1。

（3）在无菌条件下，使混合物1降温至65℃，加入尿囊素、黄原胶、透明质酸钠，再加入羟乙基尿素，继续搅拌混合至完全溶解，制得混合物2。

（4）在无菌条件下，使混合物2降温至50℃，边搅拌边缓慢加入山梨醇、抗坏血酸磷酸酯钠、石榴果皮提取物、熊果叶粉、黄瓜果提取物、葡萄柚果皮提取物，继续搅拌混合至完全溶解，制得混合物3。

（5）在无菌条件下，使混合物3降温至40℃，加入碘丙炔醇丁基氨甲酸酯、双咪唑烷基脲、香精，搅拌均匀，制得混合物4。

（6）检测混合物4的pH值，用浓度为10%的柠檬酸溶液或三乙醇胺溶液调节pH值为6.2～6.8。

（7）理化指标检验合格后，35℃出料。

◆产品应用▶　本品是一种清亮滋养柔肤面膜液。

◆产品特性▶　本品不仅具有保湿补水作用，还能美白、提亮肤色，使面部肌肤更健康。本面膜液吸收快、美白效果明显、无黏稠感。

配方9　铁皮石斛面膜

◆原料配比▶

原料	配比（质量份）				
	1#	2#	3#	4#	5#
铁皮石斛提取液	1.2	0.8	1.6	0.5	2
百香果籽精油	0.8	0.4	0.9	0.2	1
茶树精油	0.2	0.2	0.4	0.1	0.5

原料		配比（质量份）				
		1#	2#	3#	4#	5#
透明质酸钠		0.3	0.2	0.4	0.1	0.5
卵磷脂		0.5	0.3	0.7	0.2	0.8
甘油		6	6	6	5	5
保湿剂	丙二醇	7	—	—	—	14
	丙三醇	—	4	—	—	—
	山梨糖醇	—	—	9	—	—
	木糖醇	—	—	—	—	1
黏合剂	黄原胶	0.02	—	—	—	—
	卡拉胶	—	—	—	0.01	—
	羟乙基纤维素	—	0.01	0.03	—	—
	羧甲基纤维素钠	—	—	—	—	0.03
去离子水		100	95	120	95	120

《制备方法》 将各组分原料混合均匀即可。

《原料介绍》 所述铁皮石斛提取液的制备方法包括以下步骤：

（1）取铁皮石斛鲜条和鲜叶，铁皮石斛鲜条对半剖开、切片，得铁皮石斛片，鲜叶切成 2～5mm 的小段。

（2）向铁皮石斛片和鲜叶段中加入异抗坏血酸、碳酸氢钠和水浸泡，按质量比计，铁皮石斛片和鲜叶段：异抗坏血酸：碳酸氢钠＝100：（0.01～0.05）：（0.01～0.05），浸泡 20～30min，取出。

（3）在闪式提取器中加入浸泡过的铁皮石斛片和鲜叶段、7～10 倍质量的水，提取 10～20min，得到铁皮石斛粗提液。

（4）将铁皮石斛粗提液离心处理，分离上清液和沉淀。

（5）取沉淀加入 6～8 倍体积分数为 60%～80% 的乙醇溶液，再加入乙醇溶液质量 0.03%～0.05% 的柠檬酸，浸泡提取 1～2h，得醇提液，醇提液回收乙醇，减压浓缩至相对密度为 1.1～1.2，得浓缩液。

（6）合并上清液和浓缩液，得铁皮石斛提取液。

所述百香果籽精油的制备方法包括以下步骤：

（1）取百香果籽，洗净、晾干、粉碎。

（2）将粉碎的百香果籽用超临界 CO_2 超临界萃取，萃取压力为 25～29MPa，萃取温度为 40～45℃，CO_2 流量为 30～35L/h，萃取 2～3h；从萃取釜流下来的带有百香果籽精油的 CO_2 流体进入分离釜，在压力为 6～8MPa、温度为 30～35℃下分离，得百香果籽毛油。

（3）将活性炭加入百香果籽毛油中，搅拌，静置 1～2h，过滤，得百香果籽精油。

《产品应用》 本品是一种铁皮石斛面膜。

《产品特性》 本品原料纯天然、无刺激，加入了百香果籽精油，使有效成分的渗透更快、皮肤吸收更好，长期使用能有效地改善肤质。

配方 10　滋养皮肤牡丹面膜

◀原料配比▶

原料		配比(质量份)				
		1#	2#	3#	4#	5#
牡丹花茶		6	12	9.2	10	7.5
茶树粉		3	5.5	4.5	6	3.5
蔬菜粉		15	8	12	9.5	9
珍珠粉		2	3.5	3.5	5	4
透明质酸钠		0.6	1.2	1	0.75	1
牡丹籽油		4	7	6	8	6.5
果汁		12	7	10	8.5	10.5
米水		30	26.5	35	40	36
芦荟汁		1	3	2	1.5	2.5
鸡蛋清		4	2.2	3	2	2.5
兰花粉		1	1.2	1.5	1.2	1.8
百合粉		2	1	1.5	1	1.2
金盏花粉		2	1.6	1.5	1.7	1.2
樱花粉		1	2	1.5	1	1.2
莲花粉		1	1.2	1.5	1.2	1.6
蔬菜粉	胡萝卜粉	—	4	6	8	5.5
	南瓜粉	—	4	3	2	3.5
	山药粉	—	4	6	8	6
	菠菜粉	—	4	3	2	3.5
果汁	西瓜汁	—	2	3	4	1
	苹果汁	—	1	2	1	1
	木瓜汁	—	1	2	3	1

◀制备方法▶　按配比将牡丹花茶清洗，在 80～90℃烘干、粉碎，过 80～100 目筛，然后与茶树粉、兰花粉、百合粉、金盏花粉、樱花粉、莲花粉混合，加米水，在 50～55℃下搅拌 10～20min，然后加入蔬菜粉、珍珠粉、芦荟汁、果汁、鸡蛋清，在 60～65℃下搅拌 5～10min，再加入透明质酸钠和牡丹籽油，搅拌、浓缩，得到滋养皮肤牡丹面膜。

◀产品应用▶　本品是一种能深层滋养皮肤、改善肤质，具有良好的美容养颜保健效果的滋养皮肤牡丹面膜。

◀产品特性▶　本产品绿色环保、无毒副作用、香气迷人，具有良好的美容养颜保健效果。

五、再生面膜

配方 1　杜仲中药水凝胶面膜贴

◀原料配比▶

原料		配比（质量份）				
		1#	2#	3#	4#	5#
羧甲基纤维素钠		0.1	5	3	4	0.5
海藻酸和/或海藻酸钠		1	10	5.5	4.5	1.5
黄原胶		0.1	10	5	7	8
瓜尔豆胶		0.1	5	3	2	1
氯化钠		0.1	5	2.4	8.4	0.4
杜仲叶提取物		1	15	8	6	8
杜仲叶提取物	杜仲绿原酸	1	1	1	1	1
	杜仲总黄酮	1.5	0.5	1	1.2	0.8
芦荟提取物		0.1	5	2.4	1.4	2.4
蚕丝蛋白水解液		0.5	10	5.3	3.3	5.3
丙二醇		1	30	15	19	15
去离子水		加至100	加至100	加至100	加至100	加至100

◀制备方法▶

（1）将羧甲基纤维素钠、海藻酸和/或海藻酸钠、黄原胶、瓜尔豆胶和丙二醇混合均匀，制成分散液。

（2）将分散液加入去离子水中，加热并搅拌均匀，然后加入氯化钠，得到交联液。

（3）交联液冷却后，加入杜仲叶提取物、芦荟提取物和蚕丝蛋白水解液，得到溶液。

（4）调节溶液的 pH 值至 5.5～6，制成水凝胶。

（5）将水凝胶放入水凝胶面膜机中，使水凝胶渗入水凝胶面膜机的网布，降温，与蚕丝薄膜贴合，形成凝胶薄片。

(6) 用刀模将凝胶薄片切割成型。

◀原料介绍▶

所述的杜仲总黄酮的制备方法为：取杜仲叶片超低温冷冻干燥至恒质量，粉碎后过 20 目筛，精密称取 50g。用 600～800mL、60%～70% 乙醇，65～80℃，超声萃取 60min，减压抽滤后得杜仲总黄酮。或采用 CO_2 超临界萃取，用清水浸泡 1h，然后用流动清水冲洗干净，沥干后用烘干机烘干至恒质量。粉碎后过 60 目筛。用 CO_2 超临界萃取，以 3.5～4mL/g 无水乙醇作为夹带剂，温度 40～45℃，25～30MPa 提取 1.5～2h。提取率可达 60% 以上。萃取后将萃取物放入旋转蒸发器中，将无水乙醇蒸发后得杜仲总黄酮。

所述的杜仲绿原酸的制备方法为：取杜仲鲜叶用清水洗净沥干后，—40℃ 预冻后放入真空冷冻干燥机，冷冻温度为 —45℃，真空度为 0.06kPa，干燥 11～12h。称取杜仲叶粉 200g，加入 30% 乙醇溶液，液固比为 18:1，调节 pH＝4，室温避光浸泡 1～1.5h，置于 70℃ 水浴锅中 0.5h 后过滤、滤液离心，冷却后取上清液得杜仲绿原酸。

所述的蚕丝蛋白水解液的制备方法为：取蚕茧或蚕丝，放入反应器中，加去离子水后加热至 75～80℃，同时加 NaOH，水解过程中不断地调节 pH 值为 9～10.5，使蚕丝充分水解，然后冷却至常温，调节浓度、脱色、除杂、过滤。

◀产品应用▶　本品是一种杜仲中药水凝胶面膜贴。

◀产品特性▶　本品含有多种天然物质且不含化学添加剂，无副作用、肤感佳；本品具有抗衰老、抗菌消炎、美白保湿、润肤养颜等多重功效。用完后还可将剩余面膜溶于热水中用来手浴或足浴。

配方 2　复合酶茶麸面膜粉

◀原料配比▶

原料	配比（质量份）
茶麸	60
膨润土	17
羟丙基环糊精	20
木瓜蛋白酶	1.8
α-淀粉酶	1
苯氧乙醇	0.1
EDTA-2Na	0.1
去离子水	适量

◀制备方法▶

(1) 选择香味纯正、色泽光亮、外观完整、存放时间在半年以内的茶麸，去离子水洗去灰尘泥土和稻草等杂质。

（2）热水处理，将清洗后的茶麸放入锅中 98～100℃ 预煮，水和茶麸的比例为 5∶1，蒸煮 10～20min，边煮边搅拌，煮至茶麸完全打开，可以在溶液中轻微悬浮为宜。

（3）将料液冷却至 30℃，加入 1％ 浓度的 NaOH 溶液，调节 pH 值至 7 左右，加入 NaCl 至离子浓度达到 0.6％，进行护色，加入 0.1％EDTA-2Na 对重金属离子进行螯合。为保证产品性能，本步骤中的三种原料需按顺序加入。

（4）将预煮后的茶麸用砂轮磨粗磨，再用胶体磨细磨，磨浆时加入少量增溶剂 PEG-40 氢化蓖麻油，防止残油浮出，尽量避免在磨制过程中形成浮泡。

（5）将细磨后的浆料以 6～8U/g 茶麸加入 α-淀粉酶，以 2～4U/g 茶麸加入木瓜蛋白酶，并在 50～70℃ 下保温 10～30min，优选 60℃ 保温 20min。再将物料过 200 目筛。

（6）按配比加入苯氧乙醇、羟丙基环糊精、亲水膨润土，转速为 8000r/min，压力为 2.0～2.5MPa 低压均质。

（7）将均质后的浆料真空浓缩，真空度为 84～85.3kPa，温度为 60℃。

（8）采用离心喷雾干燥，进风温度为 150～200℃，排风温度为 70～80℃，优选进风温度为 180℃，排风温度为 70～80℃，控制成品的水分≤3％，喷雾干燥后，冷却至 30℃ 包装。

（9）包装间安装空调，使相对湿度小于 40％，采用塑料袋包装，辐照灭菌处理。

◀产品应用▶ 本品主要用于清热消炎、滋润排毒，具有润肤、嫩肤的作用。

使用方法：取适量与温水混合调至料体均匀后，涂抹在脸上后（一般在15～20min），形成一层膜状物，最后将面膜揭掉或清洗掉。本品可达到增强面部营养、调理角质层、促进新陈代谢、清热消炎、滋润排毒、润肤、嫩肤的效果。

◀产品特性▶ 该面膜在脸部短暂的覆盖后，就能提高表皮的温度，促进毛孔的扩张，促进汗腺的分泌和新陈代谢，软化角质。该面膜通过渗透作用改变角质层的含水量，黄酮类和氨基酸等营养成分经过角质层被吸收。由于该面膜内部多孔结构可吸附皮肤表面代谢产物，当清除面膜时，吸附的脏污同时被带走，使得皮肤干净清爽。

配方3　具有抗皱功效的人参面膜

◀原料配比▶

原料	配比（质量份）		
	1#	2#	3#
丁二醇	5	7	10
甘油	4	7	10
防腐剂	0.05	0.12	0.2
丙烯酸（酯）类/C₁₀～C₃₀烷醇丙烯酸酯交联聚合物	0.1	0.2	0.3

续表

原料		配比（质量份）		
		1#	2#	3#
透明质酸钠		0.1	0.3	0.5
糖基海藻糖		0.5	0.7	1
人参中药提取物		0.1	0.3	0.5
人参中药提取物	人参	30	45	60
	红花	15	22	30
	当归	15	22	30
	白术	10	15	20

◀制备方法▶

（1）将丁二醇、甘油、防腐剂混合，搅拌均匀并加热至85℃，保温20min。

（2）加入丙烯酸（酯）类/$C_{10} \sim C_{30}$烷醇丙烯酸酯交联聚合物、透明质酸钠，搅拌均匀，加热至45℃。

（3）将（1）和（2）所得物料合并，混合搅拌30min，冷却至45℃，加入糖基海藻糖、人参中药提取物，冷却至30℃，出料、灌装、塑封，得到面膜。

◀原料介绍▶　所述人参中药提取物的制备方法如下：

（1）称取人参30～60份，红花15～30份，当归15～30份，白术10～20份，混合后粉碎。

（2）加入5～8倍去离子水加热至80～100℃，浸提1～2h，提取次数2～3次，加热浓缩。

（3）将浓缩浸膏室温静置24～48h，真空干燥即得。

◀产品应用▶　本品是一种使皮肤紧绷而富有弹性、舒展粗纹、淡化细纹、恢复肌肤紧致光滑、抗皱的人参面膜。

◀产品特性▶　本品能够唤醒皮肤原动力，系统加强皮肤屏障保护功能，修复角质形成细胞及成纤维细胞老化损伤，彻底从源头通过多途径综合解决皮肤干燥、粗糙、皱纹等问题。本品能够有效淡化或减少皮肤皱纹，具有较好的抗皱功效。

配方4　咖啡面膜

◀原料配比▶

原料	配比（质量份）		
	1#	2#	3#
速溶咖啡纯粉	5	10	15
黄瓜汁	10	11	12
西瓜皮汁	10	11	12
绿豆粉	8	9	10
杏仁粉	8	9	10
柠檬汁	4	5	6
迷迭香粉	5	5.5	6

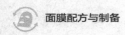

续表

原料	配比(质量份)		
	1#	2#	3#
黄香楝粉	5	5.5	6
芦荟汁	10	11	12
西芹汁	10	11	12
蜂蜜	20	25	30
鸡蛋清	20	25	30
面粉	5	10	15
山梨酸钠	20	25	30
丁二醇	15	20	25
泛醇	5	8	10
甘油	12	15	20
甜菜碱	5	6	8
透明质酸	8	10	12
透明质酸钠	5	6	8
黄原胶	5	8	10
去离子水	加至100	加至100	加至100

◀制备方法▶

(1) 取速溶咖啡纯粉备用；取含水量8%～10%的绿豆，研磨，过230目筛网，得到绿豆粉备用；取含水量8%～10%的杏仁，研磨，过230目筛网，得到杏仁粉备用；取迷迭香花，晾晒至含水量低于10%，研磨，过230目筛网，得到迷迭香粉备用；取黄香楝树干或者树皮，研磨，过230目筛网，得到黄香楝粉备用。

(2) 取新鲜黄瓜洗净，切块，榨汁，静置15～20min后过325目筛绢，得到黄瓜汁备用；取西瓜皮，去除绿色表皮和红色内瓤，留白色果皮，切块，榨汁，静置15～20min后过325目筛绢，得到西瓜皮汁备用；取新鲜柠檬，榨汁，静置15～20min后过325目筛绢，得到柠檬汁备用；取新鲜芦荟，去皮，榨汁，静置15～20min后过325目筛绢，得到芦荟汁备用；取新鲜西芹，榨汁，静置15～20min后过325目筛绢，得到西芹汁备用。

(3) 将步骤(1)中的咖啡粉、绿豆粉、杏仁粉、迷迭香粉、黄香楝粉混合，再加入面粉，然后持续搅拌5～10min。

(4) 将步骤(2)中的黄瓜汁、西瓜皮汁、柠檬汁、芦荟汁、西芹汁混合，再加入蜂蜜、鸡蛋清、黄原胶、山梨酸钠、丁二醇、泛醇、甘油、甜菜碱、透明质酸、透明质酸钠，然后持续搅拌5～10min。

(5) 将步骤(4)中的混合液分5次加入到步骤(3)中的混合物中，每次加入后均持续搅拌10min，并放置8min；待混合物全部加入到混合液中后，加水调和，然后再持续搅拌15～20min，得到所述咖啡面膜。

◀产品应用▶ 本品主要用于促进面部皮肤血液循环和新陈代谢、对抗皮肤衰老、抑制色素沉着，使皮肤健康有光泽。

◀产品特性▶ 本产品加入了植物性的咖啡营养成分，巧妙地将咖啡与面膜结合起来，通过科学合理的加入其他植物组分，让咖啡发挥最大的护肤作用的同时各组分协同配合、相辅相成。本产品不仅能收敛和消除皮肤皱纹和眼袋，还能使皮肤保持湿润、娇嫩、白皙、清凉、细腻光滑，去除粉刺、祛除雀斑，让肤色更加透亮且对皮肤温和无刺激。

配方5　抗衰老的中药面膜

◀原料配比▶

原料	配比(质量份)		
	1#	2#	3#
白茯苓	30	25	35
淮山药	30	25	35
白蒺藜	25	20	30
人参	25	20	30
白及	25	20	30
何首乌	20	15	25
益母草	20	15	25
红花	15	12	18
罗汉果	15	12	18
当归	15	12	18
蜂蜜	适量	适量	适量
鸡蛋清	适量	适量	适量

◀制备方法▶

（1）取上述质量份的固体原料清洗干净，烘干后加入粉碎机粉碎，然后过120目筛，混合均匀后装入瓶中备用。

（2）取一勺步骤（1）中的药粉，加入1～2mL蜂蜜、一个鸡蛋清，搅拌成稀糊状，即得面膜。

◀产品应用▶　本品是一种抗衰老的中药面膜。

使用时，用一个小刷子将面膜均匀地涂抹于清洗后的脸部，20～30min后洗净，每周2～3次。

◀产品特性▶　本产品的配方科学合理，根据中医学辩证论治的理论，对症下药，有效调理肌肤状态，延缓细胞的衰老过程，从而达到皮肤抗衰老的目的，使面部肌肤重现红润色泽。

配方6　抗皱抗衰美白祛斑面膜

◀原料配比▶

原料	配比(质量份)		
	1#	2#	3#
白果,蜂蜜,甘油,凡士林	20	18	23

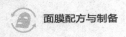

续表

原料	配比(质量份)		
	1#	2#	3#
黄芪,当归,白术,白及	10	11	6
川芎,五倍子	5	3	7
冰片	0.5	1	0.4
去离子水	适量	适量	适量

◀制备方法▶

（1）按配方比例将黄芪、当归、川芎加入其3倍质量的冷水浸泡2h后熬成药液，过滤，备用。

（2）将白果、白术、白及、五倍子粉碎过200目筛，用（1）所得药液浸泡1h后加热，并将其熬制成相对密度为1.30～1.33的泥膏状物，冷却至室温；其中白果、白术、白及为配方质量比例的2/3；五倍子为配方质量比例。

（3）然后向（2）所得泥膏状物中依次加入蜂蜜、甘油、凡士林，并将其调制成相对密度为1.22～1.25的稀泥状物；其中蜂蜜、甘油、凡士林为配方质量比例的2/3。

（4）将余下的白果、白术、白及粉碎过200目筛，混合搅拌，依次加入冰片，余下的蜂蜜、甘油、凡士林，获得混合物。

（5）把（3）所得稀泥状物和（4）所得混合物混合，混合搅拌，过滤，放置72h后即可使用。

◀产品应用▶　本品是一种抗皱、抗衰、美白祛斑面膜。

使用方法：对于初次使用者，一周保证使用3～5次，对于长期使用者，每周使用1～2次为佳。禁忌事项：孕妇、哺乳期妇女禁用。

◀产品特性▶　本产品具有抗皱、抗衰、减少皱纹的功效，同时可以紧致肌肤，使肌肤更具弹性，改善肌肤松弛下垂，收紧毛孔，修复再生肌肤，使肌肤通透红润饱满。还具有使肌肤保湿光滑水嫩，消炎祛痘的功效。

配方7　牡丹焕颜面膜

◀原料配比▶

原料	配比(质量份)		
	1#	2#	3#
牡丹花提取物	5	7	8
牡丹根提取物	3	4	5
三七提取物	3	5	5
透明质酸钠	3	3.5	4
甘油	2	4.5	5
羧甲基葡聚糖钠	1	1.5	2
羟乙基纤维素	1	1.5	1.5
胶原蛋白	2	3	2.5
去离子水	65	70	70

◀制备方法▶

（1）将胶原蛋白加入去离子水中，加热溶解，降温，加入牡丹花提取物、牡丹根提取物、三七提取物，搅拌混合，再依次加入甘油、透明质酸钠、羧甲基葡聚糖钠和羟乙基纤维素，搅拌混合，得混合料。

（2）将混合料加入捏炼机中捏炼，得膏状物，排出，装瓶，即得。

◀原料介绍▶

所述牡丹花提取物的制备如下：将牡丹花加入 60%～65%乙醇溶液中浸泡7～10d，料液比为1：（2～3），冷压榨，将压榨液减压浓缩，喷雾干燥，得牡丹花提取物。

所述牡丹根提取物的制备如下：将牡丹根粉碎，加入 6～10 倍的65%～70%乙醇溶液回流提取 2 次，每次提取1～2h，每次提取结束后过滤，合并二次滤液，减压浓缩，喷雾干燥，得牡丹根提取物。

所述三七提取物的制备如下：将三七粉碎，加入 5～7 倍的水煎煮提取0.5～1h，冷却，向其中加入分别占三七质量 0.2%～0.3%的纤维素酶和0.1%～0.2%的果胶酶，在 25～30℃下酶解提取 1～1.5h，过滤，灭酶，减压浓缩，喷雾干燥，得三七提取物。

◀产品应用▶ 本品主要用于改善面部皮肤新陈代谢，增加皮肤活力，美白保湿、抗皱，延缓皮肤衰老。

◀产品特性▶ 本产品中各成分相互作用，能够促进皮肤微循环，经常使用可以润泽肌肤，对黄褐斑、皮肤老化皱纹、皮肤干燥、皮肤黯淡都有一定的功效。

配方8　皮肤修复面膜

◀原料配比▶

原料		配比（质量份）					
		1#	2#	3#	4#	5#	6#
第一溶液	去离子水	200	320	250	100	150	400
	吡咯烷酮羧酸钠	25	40	80	5	60	100
	吡咯烷酮羧酸铜	40	20	50	60	80	5
	十八醇	20	5	100	40	80	50
	肉豆蔻酸异丙酯	50	80	5	40	25	65
第二溶液	去离子水	90	110	105	100	95	98
	对羟基苯甲酸甲酯	0.1	1	5	4	3	—
	二羟甲基二甲基乙内酰脲与3-碘-2-丙炔基氨基甲酸丁酯	—	—	—	—	—	2
第三溶液	去离子水	300	200	400	250	350	280
	金属硫蛋白	0.1	0.004	0.008	0.2	0.12	0.16
	重组人表皮生长因子	0.002	0.005	0.008	0.01	0.04	0.03

原料		配比(质量份)					
		1#	2#	3#	4#	5#	6#
第三溶液	原花青素	3	5	0.02	0.1	1	4
	维生素C	0.01	0.09	1.5	2.5	5	3.5
	维生素E	3	4	1.5	0.01	0.07	1
	尿囊素	0.09	5	3	1	0.02	2
	沙棘籽油	6	0.04	0.1	2	3.5	4.5

◀制备方法▶

(1) 制备第一溶液，用去离子水将吡咯烷酮羧酸钠和吡咯烷酮羧酸铜在搅拌状态下溶解，再加入十八醇和肉豆蔻酸异丙酯继续搅拌至溶解，得到第一溶液，待用。

(2) 制备第二溶液，用去离子水将防腐剂在搅拌状态下溶解，得到第二溶液，待用。

(3) 制备第三溶液，用去离子水将金属硫蛋白和重组人表皮生长因子在搅拌状态下溶解，再加入原花青素、维生素C和维生素E搅拌至溶解，再加入尿囊素和沙棘籽油继续搅拌至溶解，得到第三溶液，待用。

(4) 制备混合液，将第一溶液、第二溶液和第三溶液混合，过滤，得到混合液。

(5) 制备成品，将混合液喷雾至无纺布，并且控制无纺布的含液率，再经分切和包装，得到皮肤修复面膜。

◀产品应用▶ 本品是一种皮肤修复面膜。

◀产品特性▶

(1) 在配方中引入了金属硫蛋白，金属硫蛋白为低分子量含多巯基与二价金属的非酶蛋白，具有明显的清除自由基和保护生物膜功能，可以缩短创面上皮化的时间。

(2) 在配方中引入了吡咯烷酮羧酸铜，由于吡咯烷酮羧酸铜是一种超强抗氧化剂，是普通L-抗坏血酸抗氧化性能的四十倍，因而有利于刺激胶原蛋白在皮肤中的合成，有利于制造弹性纤维、加速组织的修复、增加皮肤弹性，促进创口皮肤的恢复。

(3) 在配方中引入了重组人表皮生长因子，通过与重组人表皮生长因子受体结合，刺激表皮细胞（包括内皮细胞、角质形成细胞、成纤维细胞）进入细胞分裂周期，从而促使胶原纤维呈线状排列，表皮细胞快速规则生长并及时覆盖创面；

(4) 在配方中引入了原花青素、维生素C和维生素E，既可以独立发挥抗氧化作用，也可以协调金属硫蛋白抗氧化，以减少黑色素的生成以及减少皮肤皱纹。

配方 9 白果祛斑面膜

◀原料配比▶

原料	配比（质量份）
白果	1
草果	5
加黑	2
细辛	5
聚乙烯醇	8
羧甲基纤维素钠	5
尼泊金乙酯	7
甘草	5
黄芩	6
金银花	10
芙蓉花	5
甘油	10
去离子水	适量

◀制备方法▶

（1）将上述原料按照质量份称取。

（2）将称好的白果去皮后放入粉碎容器中，再放入称好的草果和加黑。

（3）将水加热到温度为 80～90℃ 后，加到上述粉碎容器中，将混合物粉碎，粉碎的时间为 2～3min，粉碎电机的转动速率为 1500r/min，粉碎的温度为 60～75℃。

（4）等粉碎结束后，过滤处理。

（5）将过滤后的溶液缓慢地添加到混合器中，接着再将剩余材料混合，加入到混合器中进行搅拌，搅拌时间为 10～20min，搅拌速率为 1500r/min。

（6）将搅拌好的液体放到指定的器皿中，然后再将面膜材料放入浸泡，调整温度到 25～30℃，pH 值为 7.9～8.2。

（7）最后进行 UHT 杀菌处理，然后无菌包装。

◀产品应用▶ 本品是一种白果祛斑面膜。

◀产品特性▶ 本品能刺激皮肤细胞生长、促进新陈代谢，可使粗糙、黝黑的皮肤逐渐变得白皙、细腻。白果的加入，增加了面膜排毒养颜、祛痘之功效，适用于痤疮、青春痘患者。

配方 10 祛斑再生面膜

◀原料配比▶

原料	配比（质量份）		
	1#	2#	3#
薏仁粉	15	18	20
绿豆粉	12	10	8

原料	配比(质量份)		
	1#	2#	3#
蜂蜜	8	10	12
绿茶提取液	10	8	5
丝瓜提取液	5	8	10
菊花提取液	6	10	12
白芷	5	4	3
胡萝卜汁	5	4	3
维生素E	3	5	6
脱氢乙酸钠	2	4	5

《制备方法》

(1) 按质量份称取原料：薏仁粉、绿豆粉、蜂蜜、绿茶提取液、丝瓜提取液、菊花提取液、白芷、胡萝卜汁、维生素E、脱氢乙酸钠。

(2) 将白芷晒干，放入研磨机中研磨，过100～200目筛网，取筛下物，得白芷粉末。

(3) 混合绿茶提取液、丝瓜提取液、菊花提取液，得混合液，将维生素E溶于混合液中，然后依次加入薏仁粉、绿豆粉、蜂蜜、白芷粉末、脱氢乙酸钠，搅拌、浓缩，成稠膏。

(4) 将步骤(3)稠膏进行高温杀菌后装瓶，即得。

《原料介绍》 所述绿茶提取液是按以下方法制备：取绿茶粉碎，加10～15倍水于75～95℃浸提2～3次，浸提时间1～2h，合并浸提液，浸提液于离心机中离心10～15min，转速为5000～10000r/min，得到沉淀物和上清液，取上清液用(10～20)万分子量膜过滤，将膜截留液减压浓缩至固含量为5%～30%的浓缩液，获得绿茶提取液。

所述丝瓜提取液是按以下方法制备：丝瓜洗净，切碎，放入榨汁机中，充分搅碎后，取糊状液体过滤除渣，得澄清液，将澄清液高温杀菌，冷却后保鲜储存。

所述菊花提取液是按以下方法制备：菊花洗净，晒干，取干菊花粉碎，得菊花粉末，向菊花粉末加入1.5倍去离子水，超声波提取30min，然后加入溶液总量3%的米醋，静置1h，将静置液加热，煮沸，搅拌，过滤，滤液为菊花提取液。

《产品应用》 本品是一种祛斑再生面膜。

《产品特性》 本产品通过精选各原料，充分利用了薏仁粉富含有蛋白质，绿豆粉的清洁、清热解毒的功效，蜂蜜的杀菌美容的功效，白芷的美白功效。各组分配比合理，可以协同减淡或者消除斑点，使肌肤更加白皙。

配方 11 祛斑祛痘中药面膜

◀原料配比▶

原料	配比(质量份)
蝉蜕	8
黄柏	10
苦参	10
地肤子	10
白鲜皮	10
蛇床子	10
当归	10
白附片	5
桑白皮	10
白芷	5
生甘草	6
党参	15
百合	10
蒲公英	10
海藻	30
土茯苓	10

◀制备方法▶ 将原料清，烘干，粉碎，按上述比例混合，灭菌，即得纯中药祛痘除印面膜粉末，包装待用。

◀产品应用▶ 本品是一种祛斑祛痘中药面膜。

用法用量：每次 30g，加去离子水搅拌成糊状外敷，每日一次，7 天为一个疗程。

◀产品特性▶ 本品通过调整各原料配比，从舒缓面神经和清热解毒燥湿两个方面治疗痘印，从而达到养颜润肤、滋养皮肤的目的。

配方 12 祛斑养颜面膜

◀原料配比▶

原料	配比(质量份)				
	1#	2#	3#	4#	5#
蜂胶	10	12	12	14	15
青黛	10	11	12	13	15
赤芍	10	11	12	13	15
牡丹皮	2	3	4	4	5
西红花	3	4	5	5	6
珍珠	1	2	3	4	5
补骨脂	6	7	8	8	9
菟丝子	5	6	7	7	8
肿节风	5	6	7	7	8
去离子水	适量	适量	适量	适量	适量

❮制备方法❯

（1）按质量份称取各原料，将除蜂胶、珍珠外的原料烘干，粉碎，过筛备用；烘干温度为40～60℃，烘干时间为12～24h，原料过筛后粒径为100～200目。

（2）将珍珠研磨成粉状，与步骤（1）的混合粉体混合后，用去离子水打浆，加入蜂胶，搅拌均匀即可。所述打浆以面膜变成糊状为准。

❮产品应用❯　本品是一种祛斑养颜面膜。

❮产品特性❯　本产品以蜂胶和珍珠为主要原料，辅以青黛、赤芍、牡丹皮、西红花等清热凉血的中药，再配以补骨脂、菟丝子、肿节风等补益肝肾的中药，既具有改善皮肤血液循环，又有营养滋润皮肤的效果，从皮肤深处调理，疗效优异。

配方 13　祛斑中药面膜

❮原料配比❯

原料		配比（质量份）					
		1#	2#	3#	4#	5#	6#
活性药粉	白芷	2	2	3	3	1	1
	白附子	1.5	1.5	2	2	1	1
	白丁香	3	3	2	2	4	4
	白及	3	3	2	2	4	4
	白蔹	1.5	1.5	2	2	1	1
	西洋参	1.5	1.5	2	2	1	1
	玫瑰花	1.5	1.5	1	1	2	2
	珍珠	1.5	1.5	1	1	2	2
	密陀僧	1.5	1.5	2	2	1	1
活性药粉		1	1	1	1	1	1
调和液		4	3	5	4	5	3

❮制备方法❯

（1）取白芷1～3份、白附子1～2份、白丁香2～4份、白及2～4份、白蔹1～2份、西洋参1～2份、玫瑰花1～2份、珍珠1～2份、密陀僧1～2份分别粉碎加工成超微粉，备用。

（2）将白芷、白附子、白丁香、白及、白蔹超微粉置于容器中混合均匀，然后将西洋参、玫瑰花、珍珠超微粉加入容器中混合均匀，再将密陀僧超微粉加入容器中混合均匀，得活性药粉，备用。

（3）向活性药粉中加入调和液，搅拌混配成糊状，即得祛斑中药面膜。

❮原料介绍❯　所述调和液由丝瓜汁、黄瓜汁、芦荟汁及蜂蜜按照1∶1∶1∶1的质量比混配而成。

❮产品应用❯　本品主要用于治疗雀斑、黄褐斑，还具有美白的作用。

（1）本产品选取九味中药为原料，科学配伍，各种原料之间协同作用、优势互补，治疗面部雀斑、黄褐斑，疗效显著。

（2）本产品采用原料多为安全度高的纯植物或纯植物提取物，制备的祛斑面膜无刺激、无毒副作用，安全度高、不会发生过敏现象，可根治，不复发，祛斑痊愈率和有效率较高。本产品不仅祛斑效果好，还能补充营养、美白、保湿、修复凹坑，使皮肤光滑细腻、白净水润。

配方14 祛痘保湿的纯中药面膜

◀原料配比▶

原料	配比（质量份）				
	1#	2#	3#	4#	5#
薏仁	15	13	12	15	13
蒲公英	1	3	1	3	2
珍珠粉	2.5	2.8	2.5	3.6	3.2
芦荟	4	3	2	4	3
蓝莓	6	5	3	6	5
白果仁	6	4	4	6	4.5
蜂蜜	8	9	8	10	9
柠檬	5	7	5	8	6
水溶性胶原蛋白	8	6	5	8	8
葡萄籽	3	3	3	6	3
木瓜提取液	25	23	23	25	24
绿茶	22	24	22	26	26
去离子水	适量	适量	适量	适量	适量

◀制备方法▶

（1）原料清洗：用去离子水将薏仁、蒲公英、芦荟、蓝莓、白果仁、柠檬、葡萄籽分别清洗干净。

（2）烘干：将步骤（1）的原料放入烘干机中烘干。

（3）将步骤（2）的原料用研磨机研磨成粉状，备用。

（4）制取木瓜提取液。

（5）将经过步骤（3）的原料以及珍珠粉混合，用搅拌机充分搅拌后装包。

（6）将装包后的原料放入锅内，加入去离子水煎煮，大火烧开，小火煎煮45min后，拿出原料包，倒出药液，向锅内再次加入去离子水淹没药粉包，大火烧开，小火煎煮25min，再将第一次的药液加入锅内，煎煮20min后拿出原料包，过滤药液。

（7）将过滤后的药液放入真空离心机中离心处理，去掉上清液。

（8）将蜂蜜、水溶性胶原蛋白、木瓜提取液和绿茶加入经过步骤（7）处理后的液体中，然后放入搅拌机搅拌至糊状即可，搅拌机内温度控制在65～72℃。

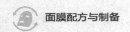

《产品应用》 本品是一种具有祛痘保湿功效的纯中药面膜。

《产品特性》 本产品提供的配方中，所有原材料均是纯中药，天然、无毒、副作用小。原料均为常见药材，成本低。制成的面膜直接贴在面部即可，使用简单方便。而且本产品祛痘保湿效果明显。

配方 15 祛痘美白面膜

《原料配比》

原料		配比（质量份）			
		1#	2#	3#	4#
米水		5	8	10	6
牛奶		10	12	15	14
蜂蜜		4	5	6	4
海藻		10	2	20	18
珍珠粉		10	—	—	—
100nm 珍珠粉		—	13	—	—
80nm 珍珠粉		—	—	15	—
10nm 珍珠粉		—	—	—	15
植物提取物		5	6	8	6
植物提取物	寒莓	4	7	8	8
	玫瑰花	5	8	10	6
	葡萄籽	6	7	8	8
	蛇莓	2	3	4	3
	升麻	4	5	6	5
	百部	4	6	6	4

《制备方法》

（1）将寒莓、玫瑰花、葡萄籽、蛇莓、升麻以及百部经过乙醇真空提取，减压去除乙醇后，过滤得到提取液 A 和滤渣，将滤渣经过水提取，过滤得到提取液 B；水提取的时间为 1～2h，乙醇真空提取的时间为 0.5h，真空压力为 0.8MPa。

（2）将提取液 A 与提取液 B 经过中空纤维过滤后，浓缩得到植物提取物。

（3）将植物提取物与米水、牛奶、蜂蜜、海藻、珍珠粉混合乳化分散，再抽真空后，得到祛痘美白面膜。

《原料介绍》

所述米水为大米在水中浸泡 24h，过滤后所得液体，其中大米与水的质量比为1：4。

所述寒莓、玫瑰花、葡萄籽、蛇莓、升麻以及百部经过乙醇真空提取前，先将其进行超声分散。

《产品应用》 本品是一种祛痘美白面膜。

使用方法：每次取 10～15mL 所述祛痘美白面膜涂抹全脸，10～15min 后清洗，每周 2～3 次，1 个月痘痘消除后，每周使用 1 次，既能防止痘痘的再生，也能达到美白美容的效果。

<产品特性> 本产品的制备方法能最大程度保留材料的有益成分，制备的面膜更易被肌肤吸收，见效快，同时制备方法简单、效率高、成本低。

配方 16　祛痘美白滋养面膜

<原料配比>

原料	配比（质量份）		
	1#	2#	3#
芦荟	48	49	50
大黄	20	18	16
仙人掌	32	34	36
栀子	24	22	20
车前子	22	23	24
连翘	19	18	17
泽泻	11	12	13
苦瓜汁	12	10	8
透明质酸	12	14	16
蜂蜜	24	22	20
维生素 E	6	7	8
牛奶	32	30	28
珍珠粉	10	11	12
葛粉	70	65	60
乙醇	适量	适量	适量
去离子水	适量	适量	适量

<制备方法>

（1）取芦荟、大黄、仙人掌、栀子、车前子、连翘、泽泻放入清水中清洗，晾干，送入消毒机高温消毒，分别用气流粉碎机粉碎，将粉末混合均匀，备用。

（2）用乙醇-水体系作为溶剂，将混合粉末加入溶剂中，密闭环境下加热煮沸，过滤，将滤液水浴加热蒸发乙醇，得提取液。

（3）将苦瓜汁、透明质酸、蜂蜜和牛奶加入提取液中，混合搅拌，并加入与混合物等体积去离子水，在 50～54℃下搅拌 30～40min，得混合液。

（4）将维生素 E、珍珠粉和葛粉依次缓慢加入混合液中，搅拌 30～35min，过滤除去水分，在 45～55℃下加热 25～35min，冷却至常温。

（5）真空下浓缩蒸发至相对密度为 1.35～1.40 的稠膏。

（6）将稠膏倒入面膜模具中，制成面膜。

<产品应用> 本品是一种祛痘美白滋养面膜。

<产品特性> 本品具有很好的祛痘功效，配方柔和，对皮肤无刺激作用，而且本品还具有美白、滋润皮肤的功效。

配方 17　祛痘面膜

◀原料配比▶

原料		配比（质量份）		
		1#	2#	3#
泥鳅滑液		5	4	6
中药提取物		1.5	1	2
甘油		4	3	5
橄榄油		0.4	0.3	0.5
月见草油		1.3	1	1.5
透明质酸钠		7	6	8
黄原胶		2.0	1.5	2.5
去离子水		22	20	25
中药提取物	金银花	3.0	2.5	3.5
	菊花	1.2	1	1.5
	蒲公英	1.8	1.5	2.0
	白芍	0.7	0.5	0.8
	甘草	1	1	1

◀制备方法▶

（1）中药提取物的制备：将金银花、菊花、蒲公英、白芍和甘草粉碎混合均匀，加入 10～20 倍的去离子水，然后在 55～75℃ 的条件下提取 20～40min，最后经过滤、浓缩处理，得到中药提取物。

（2）泥鳅滑液的预处理：对泥鳅滑液进行巴氏杀菌处理。

（3）混料：将橄榄油和月见草油在 50～60℃ 的条件下混合搅拌均匀，得到混合物Ⅰ，将甘油、透明质酸钠和黄原胶加入水中，搅拌均匀，得到混合物Ⅱ，将混合物Ⅰ加入混合物Ⅱ中，搅拌均匀，再加入中药提取物和泥鳅滑液，最后经搅拌、均质处理，得到所述祛痘面膜。

◀产品应用▶　本品是一种祛痘面膜。

◀产品特性▶

（1）本产品具有清热解毒、散风清热、消肿散结、养血调经等功效，对面部痤疮具有非常好的治疗效果。

（2）本产品不含抗生素，不会造成久用耐受性差的问题，安全可靠。

配方 18　祛黄祛皱中药面膜

◀原料配比▶

原料	配比（质量份）				
	1#	2#	3#	4#	5#
藏红花	100	150	110	140	130
天冬	80	130	90	120	110

续表

原料	配比（质量份）				
	1#	2#	3#	4#	5#
白蔹	80	130	90	120	110
白僵蚕	50	90	60	80	70
白蒺藜	50	90	60	80	70
白附子	50	90	60	80	70
白鲜皮	50	90	60	80	70
三七	30	70	40	60	50
石斛花	30	70	40	60	50
芦荟	20	60	40	60	40
珍珠粉	20	60	40	60	40
芡实	10	50	20	40	30
杏仁油	10	50	20	40	30
乙醇	适量	适量	适量	适量	适量
去离子水	适量	适量	适量	适量	适量

◀制备方法▶

（1）按质量份称取天冬、白蔹及白僵蚕，清洗后送入干燥机烘干，干燥至水含量为5%～10%，送入打碎机打碎，得到粉末A；所述粉末的目粒度为300～400目，干燥温度为80～90℃。

（2）按质量份称取白蒺藜、白附子及白鲜皮，洗净粉碎后用体积分数为60%～75%的乙醇提取，得到滤液。

（3）按质量份称取芦荟及芡实，芦荟切片后与芡实一起送入干燥机中，干燥至水含量为10%～20%，再送入粉碎机粉碎，得到粉末B；所述粉末的目粒度为300～400目，干燥温度为80～90℃。

（4）按质量份称取藏红花、三七及石斛花，加入常温清水中浸泡0.5～1.5h，先送入干燥机中干燥至水含量为5%～15%，再送入打碎机打碎，得到粉末C；所述粉末的目粒度为300～400目，干燥温度为80～90℃。

（5）按质量份称取丝瓜，洗净去皮榨汁，得到丝瓜汁。

（6）将珍珠粉、粉末A、滤液、粉末B、粉末C、丝瓜汁混合均匀，加入混合物总重6倍的水煎煮2h，再调入杏仁油、蜂蜜和医用酒精搅拌均匀，利用紫外线杀菌，灌装即得成品。紫外线杀菌的波长为200～275nm，环境温度为15～40℃，环境相对湿度为50%～60%。所述的医用酒精的质量分数为70%～75%。

◀产品应用▶ 本品主要用于改善皮肤干燥、粗糙、粉刺、黯黄、细纹等问题，能够抗氧化、抗衰老，且药性温和、无依赖性、无任何副作用。

◀产品特性▶

（1）本产品采用多味纯天然中药成分，原料易得、成本低，不含香精及防腐剂，制作方法简单、易操作，低温紫外线杀菌和干燥技术能够较好地保存中药的药效。

（2）本产品各中药成分通过相互配合和促进，从祛黄祛皱的内因出发，各原料充分发挥自身特有的性能和功效的同时，兼顾了彼此之间的互补作用，其药效相辅相成，不仅具有明显的祛黄祛皱效果，同时特别是对面部有疤痕的受伤皮肤具有缓解的功效，还可以增强皮肤免疫力，抑制细菌生长。

配方 19　祛黄中药面膜

‹原料配比›

原料	配比（质量份）			
	1#	2#	3#	4#
白头翁	5	7	9	6
白花蛇舌草	9	12	15	10
厚朴花	4	7	10	5
黄豆	7	10	13	8
佩兰	4	6	7	5
薏苡仁	5	7	9	6
杏皮	6	9	12	7
陈皮	4	6	8	5
柠檬片	9	12	14	10
蜂蜜	6	8	10	7
蛋清	8	9	10	9
淘米水	50	90	130	60

‹制备方法›

（1）以质量份准备以上原料；淘米水选择新鲜的淘米水，蜂蜜选用无添加的土蜂蜜。

（2）将白花蛇舌草、厚朴花以及佩兰切成长度为 2cm，宽度不超过 1cm 的小段。白头翁、黄豆、薏苡仁、杏皮、陈皮以及柠檬片研磨成粉末待用；粉末的目数为 100 目。

（3）首先将粉碎的白花蛇舌草、厚朴花以及佩兰加入半量的淘米水中加热沸腾，熬煮 35～45min 后，降温至 75～85℃，继续熬煮 35～45min，趁热过滤取滤液，弃除滤渣，加入步骤（2）研磨的粉末以及余量的淘米水，搅拌均匀，加热至沸腾，维持微沸状态 20min 后，自然冷却至 30～40℃，加入蜂蜜和蛋清，混合搅拌均匀后，冷却至室温，得到中药面膜。

‹产品应用›　本品是一种祛黄中药面膜。

‹产品特性›　本产品改善皮肤干燥效果显著，无毒副作用，不会造成患者对药物的依赖性。

配方 20　祛痘印面膜

‹原料配比›

原料	配比（质量份）		
	1#	2#	3#
羧甲基壳聚糖	12	14	16
珍珠粉	9～14	11	14
甘油	18	21	24

续表

原料	配比（质量份）		
	1#	2#	3#
氨基葡萄糖盐酸盐	4	6	9
茄子皮提取液	6	9	12
桃树叶提取液	5	7	10
海藻酸三乙醇胺盐	11	12	14
聚丙烯酰基二甲基牛磺酸铵	2	3	4
乙二醇	5	8	10
水性聚氨酯	7	15	13
去离子水	20	22	25

◀制备方法▶ 将桃树叶提取液、茄子皮提取液以及甘油混合分散 30min，然后加入珍珠粉和水性聚氨酯分散 25min，再加入羧甲基壳聚糖、氨基葡萄糖盐酸盐和海藻酸三乙醇胺盐，混合分散 15min，最后加入聚丙烯酰基二甲基牛磺酸铵、乙二醇以及去离子水，混合分散 10min 后，涂布于面膜纸的一侧表面。每张面膜纸的涂布量为面膜纸质量的 15%～25%。

◀原料介绍▶

所述茄子皮提取液按以下方式制备：将茄子皮粉碎，过孔径小于 40 目的网筛得茄子皮粉末；加入 75% 的乙醇溶液，在超声波-微波系统萃取仪中萃取获得粗提取液；将粗提取液后处理获得茄子皮提取液。所述茄子皮粉末与乙醇溶液的质量比为 1：(10～12)。所述萃取中，超声波功率为 60～80W，超声波频率为 35～45kHz；微波功率为 150～250W，微波频率为 2400～2500MHz；萃取时间为至少 35min；萃取温度为 40～50℃。

所述桃树叶提取液按以下方式制备：将桃树叶与 80% 的乙醇溶液混合，在超声波-微波萃取仪中萃取，将提取液后处理获得桃树叶提取液。所述桃树叶与乙醇溶液的质量比为 1：(7～9)。所述萃取中，超声波功率为 80～100W，超声波频率为 45～60kHz；微波功率为 300～400W，微波频率为 2400～2500MHz；萃取时间为至少 50min；萃取温度为 45～55℃。

◀产品应用▶ 本品是一种祛痘印面膜。

◀产品特性▶ 本产品不仅祛痘印效果好，抗菌性能好，对皮肤无刺激感，可促进伤口快速愈合，有效清洁皮肤污渍，使肌肤白皙有光泽，还具有很好的保湿增湿和润肤护肤作用，可增加皮肤角质层的水分，使皮肤滋润光滑、细腻柔软且富有弹性。

配方 21　去角质养护面膜

◀原料配比▶

原料	配比（质量份）					
	1#	2#	3#	4#	5#	6#
去离子水	85	90	80	88	86	82

续表

原料		配比(质量份)					
		1#	2#	3#	4#	5#	6#
增稠剂	卡波姆	0.2	—	—	0.05	0.1	—
	黄原胶	—	0.5	—	0.35	—	0.2
	羟乙基纤维素	—	—	0.4	—	0.3	0.2
乳化剂	单硬脂酸甘油酯	2.5	—	—	0.5	1	—
	聚甘油-3-甲基葡糖二硬脂酸酯	—	3	—	—	1.5	1.5
	菊粉月桂基氨基甲酸酯	—	—	2.8	2	—	0.5
神经酰胺-3		4	3	4.5	5	6	2
胆甾醇		2.8	3.3	3	2.5	2	—
胆甾醇酯	胆甾醇澳洲坚果油酸酯	1.5	—	—	—	0.5	1.5
	胆甾醇丁酸酯	—	0.5	—	1	0.5	—
	胆甾醇琥珀酸酯	—	—	2	0.5	—	1
脂肪酸	棕榈酸	1.5	—	1.5	1.5	1	1.5
	硬脂酸	—	3.5	2	1.2	1.5	1
苯氧乙醇		0.5	0.4	0.6	0.7	0.45	0.55
果酸	乳酸	9	—	—	2	2	—
	柠檬酸	—	10	—	—	4	5
	苹果酸	—	—	5	5	—	3

◀制备方法▶

（1）将80～90份去离子水、0.05～0.5份增稠剂混合，搅拌升温至80～95℃。

（2）将0.5～3份乳化剂、2～6份神经酰胺-3、1.5～3.5份胆甾醇、0.5～2.5份胆甾醇酯、1.5～3.5份脂肪酸混合，搅拌升温至80～95℃。

（3）将步骤（2）得到的物料搅拌下加入步骤（1）得到的物料中，降温至25～45℃，搅拌加入0.3～0.7份苯氧乙醇、5～10份果酸，降至室温，得面膜液。

（4）用15～50g步骤（3）得到的面膜液浸润单片面膜布，封装得产品。

◀产品应用▶ 本品是一种去角质养护面膜。

◀产品特性▶ 本产品能为健康角质层提供充足营养，维持厚度适中的角质层结构，使角质层充分发挥屏障功能，保护人体不受外界侵害，防止皮肤水分流失。本品还能够避免过度去角质带来的肌肤敏感、红血丝、失水干燥脱皮等问题。

配方22 深层修复面膜

◀原料配比▶

原料	配比(质量份)				
	1#	2#	3#	4#	5#
黄原胶	2	3	4	5	6
氮酮	0.1	0.2	0.3	0.4	0.5
透明质酸	0.3	0.35	0.35	0.45	0.5
牛油果脂	1	2	3	4	5

续表

原料		配比(质量份)				
		1#	2#	3#	4#	5#
脐带间充质干细胞因子		0.001	0.01	0.8	1.5	2
肌肽		0.001	0.01	0.1	0.8	1
抗菌剂	1,2-戊二醇	0.08	0.05	0.1	0.2	0.5
	1,2-己二醇	—	0.05	—	0.3	—
水		45	50	65	75	80

◀制备方法▶

(1) 按上述配方称取各组分。

(2) 将黄原胶、氮酮、透明质酸、牛油果脂和水加入真空乳化锅,搅拌加热至70~80℃,然后继续搅拌3~7min,使组分充分熔融,混合均匀,保温15~25min后,降温至40~50℃。

(3) 边搅拌边加入抗菌剂,真空均质5~8min。

(4) 边搅拌边加入脐带间充质干细胞因子和肌肽,真空搅拌均匀,得面膜液。后期加入脐带间充质干细胞因子和肌肽,可避免前期的加工时间过长而使脐带间充质干细胞因子和肌肽失效。

(5) 将面膜纸浸入面膜液,充分浸润30~60min,得深层修复面膜。

◀产品应用▶ 本品是用于深层活化肌肤细胞、修复和补充受损细胞组织、改善皮肤重建能力、减缓皱纹的产生、去除深色色素的一种深层修复面膜。

◀产品特性▶ 黄原胶和牛油果脂软化和柔润肌肤后,将水分和其他成分锁定在肌肤表面,透明质酸携带大量水分,为修复细胞组织提供充足水分且其具有良好的透皮吸收促进作用。与氮酮配合使用,促使脐带间充质干细胞因子渗入肌肤,脐带间充质干细胞因子与肌肽协同作用,使肌肤新生有活力、肤色光亮白皙。本产品的制备方法很好地保留了本产品深层修复面膜的有效成分且步骤简单、易于操作。

配方 23　黄姜面膜

◀原料配比▶

原料	配比(质量份)
去离子水	20
丁二醇	5
甘油聚醚	3
双丙甘醇	4
海藻糖	3
姜根提取物	2
茶叶提取物	3
兰科植物提取物	2

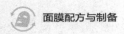

续表

原料	配比(质量份)
山茶叶提取物	3
温州蜜柑果皮提取物	3
腌制仙人掌提取物	4
甘油	3
卡波姆	3
氨丁三醇	3
甘油聚甲基丙烯酸酯	4
乙基己基甘油	3
黄原胶	2
乙醇	6
甘草酸二钾	2
透明质酸钠	2
苯氧乙醇	5
香精	15

◀制备方法▶

(1) 先将丁二醇、甘油聚醚、双丙甘醇加入乙醇中浸湿，再加到有海藻糖、姜根提取物、茶叶提取物、兰科植物提取物、山茶叶提取物、温州蜜柑果皮提取物、腌制仙人掌提取物、甘油、卡波姆、氨丁三醇的水溶液中，加热。加热温度控制在70℃，加热时间为30min，乙醇浓度为90%。

(2) 再加入甘油聚甲基丙烯酸酯、乙基己基甘油、黄原胶、甘草酸二钾，搅拌，加入透明质酸钠，并保持温度1～2h。

(3) 降温至50℃，加入苯氧乙醇，搅拌溶解，使之混合均匀，静置过夜。

(4) 次日，加入香精，充分搅匀。

(5) 加热至50℃搅拌处理后自然冷却，收集。加热搅拌处理的时间为2h。

所述黄姜面膜的整个制作过程中为避免过多的气泡产生以及出现成分溶解不完全的情况，所有的配料在加入完成后，继续低速搅拌0.5h。

◀产品应用▶ 本品是一种可对面部的斑点进行快速消除，提高对疤痕的祛除速度，使面部肌肤更加水嫩的黄姜面膜。

◀产品特性▶

(1) 本品采用的甘油聚醚和双丙乙醇，可快速渗入面部肌肤，对面部肌肤有很强的保湿能力，使皮肤更加水嫩有光泽。本面膜采用的海藻糖可提高面部肌肤细胞活性，对肌肤细胞具有抗衰老的作用。

(2) 本品采用的姜根提取物可对面部的斑点进行快速消除，提高对疤痕的祛除速度；采用的乙基己基甘油和苯氧乙醇，具有很好的抑菌、抗菌作用，保证面部肌肤更加水嫩、健康；采用的甘草酸二钾具有很好的消炎、抗过敏作用，能提高面部肌肤的抗病能力。

配方 24　松花粉焕颜紧致修护面膜液

‹原料配比›

原料	配比(质量份)			
	1#	2#	3#	4#
去离子水	20	45	68	85.3
透明汉生胶	0.05	0.35	0.6	0.8
甘油	5	6.4	7.2	8
丙二醇	3	5	6.6	8
赤藓醇	2	3	3.5	4
卡波姆	0.2	0.35	0.42	0.5
对羟基苯乙酮	0.1	0.2	0.26	0.3
辛酰羟肟酸	0.05	0.1	0.14	0.2
甘油辛酸酯	0.2	0.3	0.44	0.5
透明质酸钠	0.05	0.07	0.08	0.1
黄原胶	0.05	0.12	0.18	0.2
PEG-40 氢化蓖麻油	0.001	0.008	0.015	0.02
香精	0.003	0.004	0.004	0.005
生物糖胶-1	1	1.6	2.4	3
β-葡聚糖	1	1.3	1.8	2
棕榈酰三肽-5	0.2	0.5	0.8	1
松花粉	0.3	0.6	0.9	1
牡丹根提取物	0.2	0.3	0.4	0.5
肌肽	0.1	0.16	0.25	0.3
九肽-1	0.5	0.9	1.6	2

‹制备方法›

(1) 去离子水加热至90℃以上并且真空抽入乳化锅内，加入透明汉生胶、卡波姆和透明质酸钠均质处理 3～4min，再加入甘油、丙二醇和赤藓醇，保温26～35min。

(2) 降温至45℃，向乳化锅内加入生物糖胶-1、β-葡聚糖、棕榈酰三肽-5、黄原胶、松花粉、牡丹根提取物、肌肽、九肽-1、对羟基苯乙酮、辛酰羟肟酸、甘油辛酸酯、PEG－40 氢化蓖麻油和香精，均质处理均匀。

(3) 降温至38℃，完成面膜液的制备。

‹产品应用›　本品是一种松花粉焕颜紧致修护面膜液。

‹产品特性›

(1) 本产品原料来源广泛，制备工艺简单，制备的面膜液可以起到良好的保湿和提亮肤色的作用，不仅具有良好的使用效果，而且无副作用，不会损害消费者的身体健康。

(2) 松花粉既含有丰富的能被皮肤细胞直接吸收的氨基酸，又含有皮肤细胞所需要的全部天然维生素以及多种酶，这就为全面美容提供了基础。特别是松花粉中的维生素 C、维生素 E 和 B 族维生素配合协调作用，能够活化细胞，使得体内 SOD 值保持在高水平，因而能更好地清除自由基，阻断产生黄褐斑、蝴蝶斑的途径，消除皮肤的黑色素，使得皮肤洁白亮丽。牡丹根提取物具有舒缓肌肤的作用。棕榈酰三肽-5 具有激活、保护胶原蛋白和淡化细纹的作用。肌肽可以防止自由基及糖化反应对皮肤的伤害，可以抗氧化及阻止糖化变态产物的生成，最终达到修护作用。九肽-1 具有美白、淡斑和淡化色素的作用。

配方 25　修护型蚕丝面膜

◀原料配比▶

原料	配比（质量份）				
	1#	2#	3#	4#	5#
去离子水	81.31	82.17	79.46	77.66	81.7
丙二醇	7.6	6.5	7.6	8	6.2
丁二醇	4	5.3	5	5.2	3.2
甜菜碱	2.6	3	3.4	4	4
甘油聚醚-26	3.2	3	3.4	4	3.9
透明质酸钠	0.08	0.04	0.08	0.1	0.06
卡波姆	0.15	0.08	0.15	0.14	0.07
聚谷氨酸钠	0.05	0.05	0.05	0.03	0.02
羟乙基纤维素	0.12	0.06	0.013	0.12	0.05
羟苯甲酯	0.08	0.05	0.08	0.07	0.1
三乙醇胺	0.1	0.07	0.07	0.07	0.11
抗坏血酸磷酸酯钠	0.02	0.026	0.01	0.014	0.021
熊果苷	0.006	0.004	0.008	0.004	0.003
聚季铵盐-76	0.32	0.32	0.32	0.32	0.16
粉防己提取物	0.234	0.18	0.18	0.18	0.2
谷胱甘肽	0.007	0.005	0.004	0.008	0.003
双（羟甲基）咪唑烷基脲	0.12	0.08	0.08	0.08	0.2
甲基异噻唑啉酮	0.003	0.005	0.005	0.004	0.003

◀制备方法▶

（1）将去离子水、丙二醇、丁二醇、甜菜碱和甘油聚醚-26 加入乳化锅，搅拌均匀，均质处理。加入透明质酸钠、卡波姆、聚谷氨酸钠和羟乙基纤维素，均质 10min，搅拌至无颗粒结团现象即可，加热至 85℃，保温 25min，再加入羟苯甲酯，搅拌溶解均匀，待用。搅拌速率为 25r/min。

（2）降温至 60℃，加入三乙醇胺，搅拌溶解均匀，保温抽真空消泡，待无泡后继续降温，搅拌 5min 使物料分散均匀。搅拌速率为 25r/min。

（3）降温至 45℃，加入抗坏血酸磷酸酯钠、熊果苷、聚季铵盐-76、粉防己提取物和谷胱甘肽，搅拌 5min 使物料分散均匀。

（4）降温至 42℃，加入双（羟甲基）咪唑烷基脲和甲基异噻唑啉酮，搅拌 10min 分散均匀，用 300 目的滤布过滤出料。

（5）将上述出料附着在面膜层。所述面膜层为蚕丝纤维和活性蚕丝蛋白组成的无尘布。

◆产品应用▶ 本品是一种修护型蚕丝面膜。

◆产品特性▶ 本产品使用含丰富的矿物质及维生素的天然物提取物，温和无刺激、无副作用，滋润肌肤，同时对肌肤有修复功效，能满足一样产品多种功能的需求。

配方 26 油茶籽粕提取液祛痘修复面膜

◆原料配比▶

原料		配比（质量份）			
		1#	2#	3#	4#
A 相	油茶籽油	4	5	3	3.5
	β-环状糊精	2.8	3.6	1.8	2
	吐温-20	6	8	5	5
	D-泛醇	1	1.2	1	1.5
	去离子水	63.1	60.12	62.1	57.74
B 相	油茶籽粕提取液	15	12	16	18
	透明质酸	0.1	0.08	0.2	0.06
	尿囊素	0.5	0.6	0.6	0.8
	维生素 E	1.5	1	1.5	1.8
	胶原蛋白	2	4	2	2.5
C 相	黄原胶	3.5	4	6	6.5
	香精	0.5	0.4	0.8	0.6

◆制备方法▶

（1）将 A 相中的 β-环状糊精于去离子水中加热完全溶解，冷却至室温后，加入油茶籽油，搅拌 0.5～2h 后，将溶液加热至 50～80℃，然后缓慢加入吐温-20 和 D-泛醇，再搅拌 0.25～1h。

（2）将 B 相中的各组分混合，升温至 50～80℃，搅拌溶解完全后缓慢加入 A 相中，待加入完全后均质 2～10min。

（3）降温至 25～40℃，加入 C 相组分，搅拌均匀即可。

◆原料介绍▶ 所述的油茶籽粕提取液的制备方法如下：取油茶籽粕干燥至水分小于 7%，粉碎过 60 目以上的筛，按料液比 1:（10～40）（g/mL）加入去离子水，在微波冷凝萃取装置中加热微波萃取，趁热减压抽滤，在收集到的滤液中加入质量分数为 20%～90% 的乙醇溶液，加入量为滤液质量的 1～4 倍，取上清液移入旋转蒸发仪内浓缩至溶液中的乙醇质量分数为 5% 以下，即得油茶籽粕提取液。

◆产品应用▶ 本品是一种油茶籽粕提取液祛痘修复面膜。

◆产品特性▶ 本产品稳定性好，铺展性能优异且无油腻感，膏体细腻光滑、色泽适宜、香味清幽，对皮肤有良好的保湿作用，性能温和无刺激。

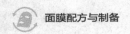

配方 27　止痒美肌面膜

<原料配比>

原料	配比(质量份)		
	1#	2#	3#
脂肪干细胞培养液	0.01	3	5
黎药香茅提取物	5	0.01	10
透明质酸钠	0.5	5	0.01
生物纤维素	3	0.01	0.01
增稠剂	1	0.5	0.05
聚谷氨酸钠	0.05	0.01	3
丁二醇	1	0.5	0.01
氨甲基丙醇	2	1	0.01
卡波姆	0.01	2	0.5
EDTA-2Na	0.01	0.05	2
羟苯甲酯	0.01	0.02	0.05
防腐剂	0.01	0.02	0.05
去离子水	加至 100	加至 100	加至 100

<制备方法>　将去离子水倒入乳化锅中，依次投入称量好的 EDTA-2Na、丁二醇和羟苯甲酯，搅拌均匀后依次投入对应配比的脂肪干细胞培养液、透明质酸钠、黎药香茅提取物、生物纤维素、卡波姆和增稠剂，均质搅拌使乳化锅中的组分彻底分散均匀，然后将去离子水稀释的氨甲基丙醇投入乳化锅内，继续搅拌均匀，接着投入聚谷氨酸钠和防腐剂，搅拌均匀后出料，即成。

<原料介绍>

制备黎药香茅提取物：黎药香茅干品粉碎后用纱布包好，悬于含有 75％乙醇的密闭容器中，密闭容器放入密闭蒸馏罐中，40～60℃水浴低温浸渍，连续浸渍三次，合并浸液，放置 20～24h 后用微孔滤膜过滤，滤液真空减压蒸馏掉乙醇，真空低温干燥后得到晶体粉末状的黎药香茅提取物。

所述的增稠剂为甲基纤维素、羟丙基甲基纤维素、甲壳胺、聚丙烯酸、聚乙烯吡咯烷酮、丙烯酰二甲基牛磺酸铵、聚乙烯醇中的两种按照质量比为 1：1 的比例混合。

所述的防腐剂为苯甲酸、山梨酸钾、羟基苯甲酸甲酯、乳酸钠、乳酸链球菌素、活菌酶和 MicrocareMTI 中的一种。

<产品应用>　本品是一种止痒美肌面膜。

<产品特性>　本品能有效改善因粉刺与痘痘引起的皮肤瘙痒和因菌群生长引起的皮肤过敏问题，可以促进细胞增殖、胶原再生，修复损伤皮肤。

配方 28 治疗痤疮的面膜

<原料配比>

原料	配比（质量份）				
	1#	2#	3#	4#	5#
吐温-20	1.5	3	2	1.8	1.5
吐温-80	1	3	2	1.8	1.5
聚乙二醇 400	2	5	4	3	3.6
白凡士林	2	5	4	2.5	3.5
十六醇	1	4	3	2	2.6
甘油	4	8	7	5	6.5
EDTA-2Na	0.1	0.7	0.5	0.2	0.4
丙二醇	4	10	7	5	6
甜菜碱	1	5	3	2	2.4
珍珠粉	20	30	27	23	25
复方氯雷酊	10	20	19	15	17
去离子水	60	80	75	68	70

<制备方法>

（1）将白凡士林、十六醇、甘油混合，加热至80℃，然后保温10min，得到组分A。

（2）将吐温-20、吐温-80、聚乙二醇400、EDTA-2Na、丙二醇和去离子水混合，在2000r/min的转速下搅拌20min，然后升温至80℃，保温10min，得到组分B。

（3）将组分A、组分B、甜菜碱、珍珠粉、复方氯雷酊混合，搅拌30min。

（4）杀菌、包装。

<产品应用> 本品是一种治疗痤疮的面膜。

使用方法：晚上洁面后，取面膜适量，均匀涂抹于面部，按摩10min，静置15～20min，然后用清水洁面，每隔一天用一次，坚持两个月。

<产品特性> 本产品可快速渗入毛孔，吸收毛孔中的垃圾，使皮肤毛孔洁净、健康。另外珍珠粉中含有的大量氨基酸和微量元素被人体吸收，具有极好的保健功效。珍珠粉中的微量元素还可有效地促进超氧化物歧化酶（SOD）的活性的增加，而SOD能清除体内自由基、美白皮肤、淡化暗斑。本品治疗痤疮具有安全、可靠和有效的优点，持续使用可有效改善面部皮肤，达到美白养颜的效果。

配方 29 治疗痤疮的中药面膜

<原料配比>

原料	配比（质量份）		
	1#	2#	3#
酸枣仁	10	20	15
麦芽	12	20	16

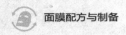

原料	配比（质量份）		
	1#	2#	3#
生槐米	10	15	13
益母草	9	16	12
草决明	6	9	8
薏苡仁	10	20	15
枇杷叶	6	10	8
凤尾草	6	12	10
白芷	20	30	25
白茅根	15	30	20
桃仁	8	12	10
艾叶	9	15	12
贝母	6	12	10
百合	6	10	8
苦参	5	10	8
白菊花	6	9	7
鲜枇杷	60	100	80
去离子水	适量	适量	适量

《制备方法》

（1）按质量份配比称取酸枣仁、枇杷叶、凤尾草、草决明、益母草、苦参，洗净曝晒至干，备用。

（2）按质量份配比称取麦芽、生槐米、薏苡仁、白芷、白茅根、桃仁、艾叶、贝母、百合、白菊花，研磨成粉末，备用。

（3）取步骤（1）中的原料置于砂锅中，加10倍的去离子水，浸泡1h，然后用大火煮沸，再用小火慢煎2h，滤去料渣，取料液。

（4）取步骤（3）中的料渣置于砂锅中，加8倍的去离子水，然后用大火煮沸，再用小火慢煎1.5h，滤去料渣，取料液。

（5）将步骤（3）中的料液与步骤（4）中的料液混合均匀，浓缩成相对密度为1.25～1.30的浸膏。

（6）将步骤（2）中的超微粉与步骤（5）中的浸膏混合均匀，烘干后，超微粉碎，过250～300目筛，得超微粉。

（7）按质量份配比称取枇杷，去皮去核，倒入榨汁机榨取得枇杷汁。

（8）将步骤（7）所得的枇杷汁和步骤（6）中的超微粉一同倒入均质机中，均质，灭菌后灌装即可。

《产品应用》 本品是一种治疗痤疮的中药面膜。

使用方法：

（1）首先用温水清洁面部皮肤，然后最好能用品质较好的洗面奶清洗并加以按摩5～10min。

（2）敷面膜：取本产品治疗痤疮的中药面膜30g，均匀敷于面部0.8～1mm厚，外敷保鲜膜以保湿，20～30min 后去除面膜，清洗面部即可。

◀产品特性▶

（1）本产品各中药原料搭配合理，原料间具有协同增效作用。本品具有调和气血、疏通经络、活血化瘀、滋养皮肤的功效，可有效解决黄褐斑、蝴蝶斑、老年斑等色素沉着引发的肌肤问题。

（2）本产品不含抗菌剂、防腐剂等化学添加剂，天然环保、无任何毒副作用。

配方 30　中药面膜液

◀原料配比▶

原料	配比（质量份）		
	1#	2#	3#
芦荟	20	30	25
带皮苹果	30	35	35
土豆皮	12	15	15
黄芪	12	15	13
白鲜皮	10	12	10
丹参	8	10	10
去离子水	适量	适量	适量

◀制备方法▶

（1）将带皮苹果洗干净后与水混合，高速旋转制成混悬浆液，将混悬浆液压入离心喷雾干燥机中干燥，制成干粉。

（2）将干粉加入水中，加热至 60～80℃，搅拌提取，将提取液离心，收集滤液，沉淀物进行第二次提取，然后离心，合并滤液，将滤液浓缩至干粉质量的 30～50 倍即得提取液。

（3）向芦荟、土豆皮、黄芪、白鲜皮、丹参中加 2～5 倍水浸泡 12～24h，温度为 80～100℃煎煮 30～60min，过滤得滤液，药渣加 2～3 倍水，温度为 80～100℃煎煮 30～60min，过滤得滤液，重复 2～3 次，合并滤液，滤液经吸附脱色，浓缩得提取液。

（4）将步骤（2）与步骤（3）制得的液体混合，即得中药面膜液。

◀产品应用▶　本品是一种能够改善肤质、祛痘印、无依赖性且无化学防腐剂的中药面膜液。

◀产品特性▶　本品能还原肌肤应有的活力，滋养效果好。本品不会产生依赖性，对皮肤的刺激性小，与皮肤亲和力好。

六、美白面膜

配方1 藏药面膜

<原料配比>

原料	配比（质量份）												
	1#	2#	3#	4#	5#	6#	7#	8#	9#	10#	11#	12#	13#
白芥子	1	1.5	2	2	2	2	2	2	2	2	2	2	2
双花千里光	3	3.5	4	4	4	4	4	4	4	4	4	4	4
华山矾	1	1.5	2	2	2	2	2	2	2	2	2	2	2
天冬	3	3.5	4	4	4	4	4	4	4	4	4	4	4
大黄	1	1.5	3	3	3	3	3	3	3	3	3	3	3
芦荟花	1	2	3	3	3	3	3	3	3	3	3	3	3
藏红花	0.01	0.02	0.03	0.03	0.03	0.03	0.03	0.03	0.03	0.03	0.03	0.03	0.03
甘油	1	2	3	3	3	3	3	3	3	3	3	3	3
水菖蒲	—	—	—	1	1.5	—	—	1.5	1.5	1.5	1.5	1.5	1.5
诃子	—	—	—	0.1	0.2	—	—	0.2	0.2	0.2	0.2	0.2	0.2
光明盐	—	—	—	—	—	0.5	0.7	0.7	0.7	0.7	0.7	0.7	0.7
五灵脂	—	—	—	—	—	—	—	—	2	3	3	3	3
乳香	—	—	—	—	—	—	—	—	—	—	0.5	1	1
黄葵	—	—	—	—	—	—	—	—	—	—	0.5	1	1
去离子水	适量	适量	适量	适量	适量	适量	适量	适量	适量	适量	适量	适量	适量

<制备方法>

（1）按照质量份称取白芥子、双花千里光、华山矾、天冬、大黄、芦荟花、藏红花和甘油。

（2）将天冬和白芥子粉碎后一起放入去离子水中浸泡24h；将双花千里光、华山矾和大黄分别粉碎后并分别放入水中浸泡24h。

160

（3）将步骤（2）中浸泡完成后的原料分别加入高压锅中熬制 1h，然后将料液倒出后继续加水熬制，如此反复 4～6 次，得到提取料液。

（4）将步骤（3）中得到的提取料液过滤，继续熬制直到料液中水分小于 20%。

或者将按质量份称取的水菖蒲和诃子粉碎后一起放入水中浸泡 24h；浸泡完成后的原料分别加入高压锅中熬制 1h，然后将料液倒出后继续加水熬制，如此反复 4～6 次，得到提取料液；将得到的提取料液过滤，继续熬制直到料液中水含量小于 20%。

或者按照质量份称取光明盐、五灵脂、乳香和黄葵；将乳香和黄葵粉碎后放入水中浸泡 24h；将光明盐、五灵脂粉碎后分别放入水中浸泡 24h；将浸泡完成后的原料分别加入高压锅中熬制 1h，然后将料液倒出后继续加水熬制，如此反复 4～6 次，得到提取料液；将得到的提取料液过滤，继续熬制直到料液中水分小于 20%。

（5）将步骤（4）中得到的料液混合到一起后加入粉碎的芦荟花和藏红花继续熬制到料液水分小于 5%，得到料糊。

（6）将步骤（5）中得到的料糊加入甘油熬制 1h，在熬制过程中不断搅拌，最后得到藏药面膜。

◀**产品应用**▶　本品是一种具有美白、祛斑和保湿功效的藏药面膜。

◀**产品特性**▶

（1）本产品中的原料均是纯天然的药物，无任何毒副作用；同时天然的中药成分治疗效果更好，不易反弹。

（2）本面膜具有美白、祛斑和保湿的功效，长期使用皮肤细腻光滑。

（3）本面膜使用 25 天左右具有明显的美白、祛斑和保湿效果，不添加任何其他非天然成分，适用于所有肤质，不会产生过敏现象。

配方2　多功能纯天然植物面膜

◀**原料配比**▶

原料	配比（质量份）			
	1#	2#	3#	4#
海藻颗粒	1	2	3	4
玫瑰籽	1	2	3	4
玫瑰精油	0.5	1	1	1.5
洋甘菊提取物	0.5	1	1	1.5
薰衣草油	0.5	1	1	1.5
迷迭香精油	0.5	1	1	1.5
柠檬酸	0.4	0.8	0.8	1.2
珍珠粉	0.4	0.5	0.8	1.2
佛手提取物	0.5	0.6	1	1.5
柠檬香茅叶油	0.5	0.6	0.8	1.5
玫瑰纯露	加至 100	加至 100	加至 100	加至 100

《制备方法》

(1) 原料的预处理：称取海藻颗粒和玫瑰籽，筛选洗净后，用粉碎机粉碎，研磨，使其达到 270 目，将粉碎后得到的浆料储存在密封容器中备用；裁切基材，使用 120~150℃高温蒸汽消毒，持续 5~10min。

(2) 原料混合：称取玫瑰精油、洋甘菊提取物、薰衣草油、迷迭香精油、柠檬香茅叶油加入搅拌装置中，保持温度为 25~30℃，搅拌 5min，使得各原料充分混合；称取得到的浆料，慢慢加入搅拌装置中，然后称取并加入玫瑰纯露、珍珠粉和佛手提取物，并持续搅拌；加入适量柠檬酸，调节 pH 值保持在 6~7，然后过滤出料，得到混合药液。

(3) 将药液均匀涂抹在基材上。所述的基材为无纺布、木浆布、蚕丝布或纯棉布。

《产品应用》 本品是一种多功能纯天然植物面膜。

《产品特性》 本产品将纯天然成分黏附于面膜纸上，各组分通过合理的配比充分发挥作用，操作简单、无公害、无不良反应。能够美白补水，丰润肌肤，改善面部皮肤组织微循环。本产品通过植物精华的组合运用，能满足人们的多功能和高质量的需求。

配方3　防晒美白面膜

《原料配比》

原料	配比（质量份）		
	1#	2#	3#
红巧梅提取液	4	8	6
玫瑰花提取液	8	12	10
薰衣草提取液	8	12	10
当归提取液	1	5	3
黄瓜汁	10	20	15
丝瓜汁	10	20	15
柠檬汁	10	20	15
珍珠粉	6	10	8
薏苡仁	15	25	20
甘油	6	10	8
霍霍巴油	4	8	6
蜂蜜	10	20	15
酸奶	30	35	33

《制备方法》 将薏苡仁粉碎成细粉，过 100~120 目筛，然后与其他原料混合，充分搅拌均匀即可。

《产品应用》 本品是一种美白防晒面膜。

使用时，先将面部清洁干净，擦干水分，将本产品均匀涂于面部及颈部，静置

15～20min后，用清水洗净即可，每3～5天使用一次。

◀产品特性▶ 本产品纯天然无添加、无任何毒副作用，制作简单、效果明显，长期使用可以达到防晒、美白、保湿、抗皱的效果。

配方4 蜂蜜多功能面膜

◀原料配比▶

原料	配比（质量份）		
	1#	2#	3#
膏状蜂蜜	20	13	16
壳聚糖	5	10	8
透明质酸	5	2	3
中药提取液	4	11	8
玫瑰精油	13	11	12
丙三醇	9	14	13
肌醇六磷酸	1.3	0.5	0.8
生育酚	2	8	5
海藻糖	7	5	6
去离子水	2	7	5

◀制备方法▶ 将各组分原料混合均匀即可。

◀原料介绍▶

所述膏状蜂蜜的加工工艺具体如下：

（1）制备液体晶种：用120～180目的过滤网过滤原料蜂蜜，取滤液浓缩至水分为15%～20%，作为液体晶种备用。

（2）制备固体晶种：用70～160目的过滤网过滤原料蜂蜜，取滤液浓缩至水分为15%～20%，置于6～10℃的环境中结晶，完全结晶后作为固体晶种备用。

（3）制备原料晶种：将步骤（1）制得的液体晶种与步骤（2）制得的固体晶种按（5～7）∶1的质量比混合，搅拌均匀，置于11～14℃环境中结晶，待完全结晶后作为原料晶种备用。

（4）混合：将步骤（3）制得的原料晶种加入原料蜂蜜中，所述原料晶种与原料蜂蜜的质量比为1∶（10～15），混合搅拌均匀。

（5）脉冲激光处理：用脉冲激光对步骤（4）的混合物进行激光处理2～3次，每次处理10～15s。

（6）抽真空：将步骤（5）脉冲激光处理后的混合物抽真空至真空度为0.05～0.07MPa，得到所述膏状蜂蜜。

◀产品应用▶ 本品主要用于美白、保湿、抗皱、杀菌消炎等。

◀产品特性▶ 本产品以膏状蜂蜜为主要原料，使面膜具有杀菌消炎、美白的作用，同时辅以抗皱作用的中药成分，再配合透明质酸、玫瑰精油、生育酚、海藻糖等具有保湿、补水等作用的成分，使得本面膜功能多样，能满足广大消费者的需求，

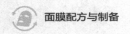

值得推广使用。此外，本产品面膜安全、可靠。

配方5　贡菊黄酮面膜

《原料配比》

原料	配比（质量份）
壳聚糖	3
柠檬酸	6
贡菊黄酮	0.5
羧甲基纤维素钠	1
明胶	2
去离子水	200

《制备方法》

（1）贡菊黄酮的提取：将贡菊粉碎过 200 目筛，按照料液比 1∶（10～20）浸泡在质量分数为 70% 的乙醇溶液中，在 60～70℃ 下加热回流 2h，过滤，收集滤液，将滤液蒸发浓缩至密度为 60mg/mL，在 70℃ 下真空干燥 12～16h，得到贡菊黄酮。

（2）溶胶的配制：将壳聚糖、柠檬酸、贡菊黄酮、羧甲基纤维素钠、明胶、去离子水混合，在 3000r/min 的转速下搅拌 1h，微波加热的功率为 200W，加热 10min，得到溶胶。

（3）面膜的制备：将溶胶升温至 70℃，1000r/min 的转速下搅拌反应 2h，然后加入溶胶质量 0.05% 的珍珠粉，继续搅拌 90min，在超声功率 200～500W、超声频率 30Hz 条件下超声分散 20～30min，然后灭菌、分装即可。

《产品应用》　本品是一种贡菊黄酮面膜。

使用方法：每晚睡前，将脸部清洗干净，取本品制备的面膜适量均匀涂抹于脸部，按摩 3min。

《产品特性》　本品中贡菊黄酮提取物对酪氨酸酶具有较好的活性抑制作用，能清除自由基，美白效果好。而且本品可以快速地控制皮肤溢油、收敛毛孔、美白肌肤、锁住肌肤的水分。

配方6　黑枸杞面膜

《原料配比》

原料	配比（质量份）					
	1#	2#	3#	4#	5#	6#
新鲜黑枸杞	40	41	42	43	44	45
维生素 C	5	6	7	8	9	10
黄瓜	20	22	24	26	28	30
绿茶	20	21	22	23	24	25
去离子水	5	6	7	8	9	10

《制备方法》

（1）按配比称量。

（2）在新鲜、清洗干净后的黑枸杞中加入维生素C研磨，然后加入去离子水搅拌使其混合均匀，过滤，重复1～3次，合并滤液，倒入干净的玻璃杯中备用。

（3）将黄瓜捣成泥状备用。

（4）将绿茶倒入步骤（2）所得的滤液中，搅拌均匀后得到混合液。

（5）将混合液倒入步骤（3）所得的黄瓜泥中，搅拌均匀即得成品。

《产品应用》 本品是一种黑枸杞面膜。

使用时，将所得的面膜均匀涂抹于脸部，15min后用清水冲洗干净即可。

《产品特性》

（1）本产品是以黑枸杞提取液作为主要原料制作成的富含花青素面膜，是纯天然的阳光遮挡物，不仅有很强的抗氧化性与很强的清除自由基的能力，还能减少紫外线对皮肤的伤害，增加脸部皮肤的血液循环，预防各种炎症。

（2）本产品由纯天然的成分制作而成，对皮肤不仅有很好的滋润美白保养作用，还具有制作方法简单的优点，自己在家就可以制作且长期使用不会产生毒副作用。

配方7 积雪草美白面膜

《原料配比》

原料	配比（质量份）						
	1#	2#	3#	4#	5#	6#	7#
积雪草提取物	20	15	10	8	5	2	1
橙皮苷	1	1	1	1	1	1	1
维生素E磷酸酯镁	15	15	15	15	15	15	15
聚甘油-3-双异硬脂酸酯	28	28	28	28	28	28	28
甘醇酸	24	24	24	24	24	24	24
亚麻油	30	30	30	30	30	30	30
透明质酸	40	40	40	40	40	40	40

《制备方法》 将积雪草提取物与橙皮苷混合依次加入维生素E磷酸酯镁、聚甘油-3-双异硬脂酸酯、甘醇酸、亚麻油加热搅拌溶解，将其降温至约30～50℃，加入透明质酸，使其溶解，进行乳化搅拌，冷却降温，成膏即得。

《原料介绍》

所述的积雪草提取物的制作工艺为：

将真空干燥后的积雪草，在粉碎机中粉碎得到积雪草粉末，将积雪草粉末置于超临界萃取釜中。使用超临界CO_2作为溶剂，浓度为65%的乙醇作夹带剂。调节萃取釜将萃取压力控制在25～30MPa，温度控制在45℃，CO_2流量控制在9L/h，萃取时间控制在2h，萃取得积雪草提取物。

◀产品应用▶　本品是一种积雪草美白面膜。

◀产品特性▶　本品以积雪草提取物为主要原料，加入橙皮苷以及一些基质，原料价格低廉。积雪草提取物与少量的橙皮苷混合起到很好的协同效果，特别是积雪草提取物与橙皮苷的质量比在（6∶1）～（5∶1），美白效果可以得到大幅度提高。

配方8　可食果蔬面膜

◀原料配比▶

原料	配比（质量份）		
	1#	2#	3#
果蔬粉	3	4	5
植物油	8	9	10
分子蒸馏单甘酯	1	1.5	2
维生素 E	0.5	0.75	1
去离子水	40	43	46
食用甘油	2	2.5	3
脱脂奶粉	2	2.5	3
黄原胶	0.2	0.25	0.3
绿茶粉	0.4	0.6	0.8
螺旋藻粉	0.2	0.4	0.6

◀制备方法▶

（1）按照上述质量份称取各组分。

（2）将植物油、分子蒸馏单甘酯、维生素 E 逐一加入油相锅中，将体系加热至 70～75℃，转速为 800～1200r/min，搅拌 15～20min，搅拌均匀后，得到油相物质，待用。

（3）在水相锅中先倒入去离子水和食用甘油，再将脱脂奶粉和黄原胶充分混合后倒入水相锅中，将体系加热至 70～75℃，转速为 800～1200r/min，搅拌 15～20min 使其完全溶解，得到水相物质，待用。

（4）在真空、均质条件下将所述油相物质和所述水相物质加入乳化锅中混合，均质乳化得到乳化体系，待用。

（5）所述乳化体系保温至 70～75℃后，逐一加入果蔬粉、绿茶粉和螺旋藻粉，搅拌均质，转速为 800～1200r/min，搅拌 10～15min 后，装瓶，密封杀菌，即制得可食用果蔬面膜。

◀原料介绍▶　所述果蔬粉选用胡萝卜、番茄、葡萄、大豆及山楂为原料，各原料以等质量配比，经机械粉碎打浆预处理后，再将浆液进行真空冷冻干燥，最后超微粉碎制作而成。真空冷冻干燥的温度为－20～－10℃，超微粉碎后过 1500～2500目筛。

◀产品应用▶　本品是一种可食果蔬面膜，具有美白、保湿和抗衰老效果。

‹产品特性› 本品配方所选的都是食品级的原料，其性质稳定，不含乙醇、防腐剂等物质，对面部无刺激，是一种绿色、环保和安全的面膜。

配方9 可食螺旋藻面膜

‹原料配比›

原料	配比（质量份）		
	1#	2#	3#
螺旋藻粉	3	4	5
植物油	8	9	10
维生素E	0.5	0.75	1
去离子水	40	43	46
食用甘油	2	2.5	3
脱脂奶粉	2	2.5	3
黄原胶	0.2	0.25	0.3
可可粉	1	2	3

‹制备方法›

（1）按照上述质量份称取各组分。

（2）将植物油、维生素E逐一加入油相锅中，将体系加热至70～75℃，转速为800～1200r/min，搅拌15～20min，搅拌均匀后，得到油相物质，待用。

（3）在水相锅中先倒入去离子水和食用甘油，再将脱脂奶粉和黄原胶充分混合后倒入水相锅中，将体系加热至70～75℃，转速为800～1200r/min，搅拌15～20min使其完全溶解，得到水相物质，待用。

（4）在真空、均质条件下将所述油相物质和所述水相物质加入乳化锅中混合，均质乳化得到乳化体系，待用。

（5）所述乳化体系保温至70～75℃后，依次加入螺旋藻粉和可可粉，转速800～1200r/min，搅拌均质10～15min后，装瓶，密封杀菌，即制得可食用螺旋藻面膜。

‹产品应用› 本品是一种可食螺旋藻面膜，具有美白、抗衰老和祛斑效果。

‹产品特性› 本品配方所选的都是食品级的原料，其性质稳定，不含乙醇、防腐剂等物质，对面部无刺激，是一种绿色、环保和安全的面膜。

配方10 可食玫瑰面膜

‹原料配比›

原料	配比（质量份）		
	1#	2#	3#
重瓣玫瑰花粉	6	7	8
植物油	8	9	10

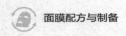

续表

原料	配比（质量份）		
	1#	2#	3#
葛根提取物	0.02	0.03	0.04
乳化剂	2	2.5	3
维生素E	0.5	0.75	1
去离子水	40	43	46
食用甘油	1	1.5	2
脱脂奶粉	2	2.5	3
黄原胶	0.2	0.25	0.3
海藻糖	0.3	0.4	0.5

《制备方法》

（1）按照上述质量份称取各组分。

（2）将植物油、乳化剂、葛根提取物、维生素E逐一加入油相锅中，将体系加热至70～75℃，转速为800～1200r/min，搅拌15～20min，搅拌均匀后，得到油相物质，待用。

（3）在水相锅中先倒入去离子水和食用甘油，再将脱脂奶粉、海藻糖和黄原胶充分混合后倒入水相锅中，将体系加热至70～75℃，转速为800～1200r/min，搅拌15～20min使其完全溶解，得到水相物质，待用。

（4）在真空、均质条件下将所述油相物质和所述水相物质加入乳化锅中混合，均质乳化得到乳化体系，待用。

（5）所述乳化体系保温至70～75℃后，加入重瓣玫瑰花粉，搅拌均质，转速为800～1200r/min，搅拌10～15min后，装瓶，密封杀菌，即制得可食用玫瑰面膜。

《原料介绍》 所述乳化剂为蔗糖甘油酯、柠檬酸甘油酯、单硬脂酸甘油酯、分子蒸馏单甘酯中的一种或几种。

《产品应用》 本品是一种可食玫瑰面膜，具有美白、保湿和祛斑效果。

《产品特性》 本品配方所选的都是食品级的原料，其性质稳定，不含乙醇、防腐剂等物质，对面部无刺激，是一种绿色、环保和安全的面膜。

配方11 可食巧克力面膜

《原料配比》

原料	配比（质量份）		
	1#	2#	3#
可可粉	6	7	8
植物油	8	9	10
葛根提取物	0.02	0.03	0.04
单硬脂酸甘油酯	1	1.5	2

原料	配比（质量份）		
	1#	2#	3#
维生素 E	0.5	0.75	1
去离子水	40	43	46
食用甘油	4	4.5	5
脱脂奶粉	2	2.5	3
黄原胶	0.2	0.25	0.3
绿茶粉	2	3	4
螺旋藻粉	0.2	0.4	0.6

◀制备方法▶

（1）按照上述质量份称取各组分。

（2）将植物油、单硬脂酸甘油酯、葛根提取物、维生素 E 逐一加入油相锅中，将体系加热至 70～75℃，转速为 800～1200r/min，搅拌 15～20min，搅拌均匀后，得到油相物质，待用。

（3）在水相锅中先倒入去离子水和食用甘油，再将脱脂奶粉和黄原胶充分混合后倒入水相锅中，将体系加热至 70～75℃，转速为 800～1200r/min，搅拌 15～20min 使其完全溶解，得到水相物质，待用。

（4）在真空、均质条件下将所述油相物质和所述水相物质加入乳化锅中混合，均质乳化，得到乳化体系，待用。

（5）所述乳化体系保温至 70～75℃后，逐一加入可可粉、绿茶粉和螺旋藻粉，转速为 800～1200r/min，搅拌均质 10～15min 后，装瓶，密封杀菌，即制得可食用巧克力面膜。

◀产品应用▶ 本品是一种可食巧克力面膜，具有美白、保湿和抗衰老的效果。

◀产品特性▶ 本品配方所选的都是食品级的原料，其性质稳定，不含乙醇、防腐剂等物质，对面部无刺激，是一种绿色、环保和安全的面膜。

配方 12　利用香蕉皮制作美容保健面膜

◀原料配比▶

原料		配比（质量份）	
		1#	2#
护色液	维生素 C	0.1	0.1
	柠檬酸	0.4	0.4
	亚硫酸氢钠	0.05	0.05
香蕉浆	香蕉皮	50	20
	护色液	100（体积）	40（体积）

原料		配比（质量份）	
		1#	2#
中药提取液	黄芩	2	1
	金银花	2	1
	栀子	2	1
	蒲公英	2	1
	去离子水	200（体积）	100（体积）
白芷提取液	白芷	2	2
	去离子水	100（体积）	100（体积）
复合溶胶	羧甲基纤维素钠	1	1
	明胶	1	1
	绵白糖	2	2
	去离子水	100（体积）	100（体积）
复合溶胶		20（体积）	20（体积）
香蕉浆		30（体积）	30（体积）
白芷提取液		2（体积）	2（体积）
中药提取液		8（体积）	10（体积）

《制备方法》

（1）香蕉皮处理：选取新鲜香蕉，用温水洗净外表后剥取新鲜、外表没有褐变的香蕉皮，迅速浸于护色液中 2～5min，然后在低温环境下湿法超微粉碎，最终获得香蕉皮浆液，冷藏备用。

（2）中药提取液的制备：取黄芩、金银花、栀子、蒲公英于煎煮罐中，加入适量去离子水煎煮，然后冷却过滤，将滤液浓缩，备用；白芷按同法单独煎煮并浓缩，使用时混合即可。

（3）复合溶胶的制备：选用羧甲基纤维素钠和明胶作为复合溶胶的成膜物质，加入成膜物质等量绵白糖作为助溶剂，再加入去离子水，在充分搅拌下加热至100℃，冷却至室温，即得复合溶胶。

（4）面膜制备：在搅拌条件下，将香蕉浆和复合溶胶混合，待混合均匀后加入中药提取液，用胶体磨处理即得。

《产品应用》 本品是一种以香蕉皮中的营养物质为主要活性成分的面膜。

《产品特性》 本品采用低温和湿法超微粉碎技术对香蕉皮进行处理，细胞破壁后，极大增加了香蕉皮中有效成分的溶出，不仅增加了对营养成分的吸收率，提高了生物利用率，而且充分保留了生物有效成分的活性。

本品在稳定性、色泽、细腻度、涂抹性、用后皮肤感觉及理化卫生测试几个方面的评价都很好，并具有保湿、美白、消炎和抗菌等多重功效，可用于日常皮肤护理。该面膜成分天然、原料易得、使用方便、功效明显、无毒副作用，是一种理想的皮肤护理品。

配方 13　亮肤美白面膜

◀原料配比▶

原料		配比(质量份)		
		1#	2#	3#
中药组合物	连翘果提取物	3	2	4
	防风提取物	4	3	5
	红花提取物	3	2	4
	甘草根提取物	4	3	5
	当归提取物	3	2	4
	丹参提取物	3	2	4
	紫草根提取物	3	2	4
	白及提取物	3	2	4
	桃仁提取物	4	3	5
	银杏提取物	4	3	5
	水溶性珍珠粉	2.2	1	3
中药组合物		36.2	33	40
甘油		22	20	25
泊洛沙姆188		4.8	3	6
丙二醇		4	3	5
甘草酸二钾		4	3	5
透明质酸钠		1.6	1	3
咪唑烷基脲		0.8	0.5	1
羟苯甲酯		0.4	0.2	0.8
椰油醇聚醚-7		0.3	0.1	0.5
PPG-1-PEG-9 月桂二醇醚		0.12	0.1	0.3
PEG-40 氢化蓖麻油		0.06	0.02	0.1
2-溴-2-硝基丙烷-1,3-二醇		0.16	0.1	0.2
洋蔷薇花油		0.16	0.1	0.2
去离子水		325.4	320	330

◀制备方法▶

（1）将泊洛沙姆 188、甘草酸二钾、咪唑烷基脲、2-溴-2-硝基丙烷-1,3-二醇加入去离子水中，混合均匀，得混合物料 1，备用；将甘油加入透明质酸钠中，混合均匀，得混合物料 2；将丙二醇加入羟苯甲酯中，混合均匀，得混合物料 3，备用；取洋蔷薇花油加入椰油醇聚醚-7、PPG-1-PEG-9 月桂二醇醚、PEG-40 氢化蓖麻油，混合均匀，得混合物料 4。

（2）将混合物料 2 加入混合物料 1 中，混合均匀，得混合物料 5；将混合物料 3 加入混合物料 5 中，得混合物料 6。

（3）在混合物料 6 中加入连翘果提取物、防风提取物、红花提取物、甘草根提取物、当归提取物、丹参提取物、紫草根提取物、白及提取物、桃仁提取物、银杏提取物、水溶性珍珠粉，混合均匀，得混合物料 7。

（4）在混合物料 7 中加入混合物料 4，混合均匀，即得所述的面膜。

◀原料介绍▶　所述各中药提取物由以下方法制备：将中药原料投入中药提取罐中，加入 10 倍量的水，加热沸腾后 3h，出液，过滤得到中药提取物，备用。

◀产品应用▶　本品主要用于提亮肤色、美白淡斑。

◀产品特性▶　本品通过活血化瘀、补气，使得面部气血运行通畅，皮肤细胞得到正常滋养；并促进细胞的新陈代谢，及时带走细胞代谢产物。

配方 14　美白补水面膜液

◀原料配比▶

原料	配比（质量份）			
	1#	2#	3#	4#
菠萝皮渣微粉	0.5	—	—	—
15μm 的菠萝皮渣微粉	—	0.5	—	—
30μm 的菠萝皮渣微粉	—	—	5	—
20μm 的菠萝皮渣微粉	—	—	—	2
绿茶微粉	2	2	4	3
霜桑叶提取物	0.23	0.23	1.17	0.5
芦荟凝胶	3	3	6	1
甘油	4	1	6	5
1,3-丁二醇	3	3	5	4
透明质酸		0.05	0.15	0.1
熊果苷		1	3	2
角鲨烷		1	3	2
羊毛脂		1	3	2
去离子水	87.27	84.22	63.68	75.4

◀制备方法▶　将上述除去离子水外的原料按照既定质量份混合，然后加去离子水搅拌，得到该美白补水面膜液。

◀原料介绍▶

所述菠萝皮渣微粉的制备方法：采用菠萝加工后剩余的菠萝皮渣经筛选、干燥、预粉碎、膨化、微粉碎后，得到所述的菠萝皮渣微粉；所述菠萝皮渣微粉的粒径为 15～30μm。

所述霜桑叶提取物的制备方法：采摘秋季经霜后的挂枝桑叶，去除杂质、洗净后加水研磨成浆，再加水浸泡 4～5h，然后采用超声法提取，将提取后的桑叶汁过滤，得滤液。将滤液用冷喷雾干燥法干燥，得到霜桑叶提取物。

◀产品应用▶　本品是一种美白补水面膜液。

使用方法：将此面膜液在无纺布面膜贴上涂布均匀后即可敷于面部，15～20min 后揭去，可以有效去除老化角质、补水美白、祛斑、抗衰老、除细纹。

◀产品特性▶　本品添加了多重功效的透明质酸、熊果苷、角鲨烷和羊毛脂，使该美白补水面膜液具有多重的补水、美白和保湿的作用，可以满足敏感和干燥类型的皮肤使用。

配方 15 美白抗皱面膜

◀原料配比▶

原料	配比（质量份）		
	1#	2#	3#
黄瓜提取液	18	20	24
芦荟提取液	12	10	8
蜂蜜	6	8	10
马齿苋提取液	5	4	3
熊果苷	8	10	13
植物油酸	4	3	2
当归	5	4	3
珍珠粉	18	22	25
白茯苓	8	6	4
甘草	4	3	2
枸杞	2	3	4
丹参	2	3	4
乳酸	1	2	3
脱氢乙酸钠	5	3	2
去离子水	适量	适量	适量

◀制备方法▶

（1）按质量份称取原料：黄瓜提取液、蜂蜜、熊果苷、芦荟提取液、植物油酸、当归、珍珠粉、白茯苓、甘草、马齿苋提取液、枸杞、丹参、乳酸、脱氢乙酸钠。

（2）将当归、白茯苓、甘草、枸杞、丹参与其总质量5倍的去离子水混合，加热煮沸提取1~1.5h，过滤，取滤液，原料渣加入4倍量的去离子水，再次提取过滤，取滤液，混合两次滤液，减压浓缩至20℃时相对密度为1.10。

（3）将熊果苷在50℃条件下2倍量的水中溶解，加入油酸，搅拌均匀。

（4）将步骤（2）、步骤（3）处理后的原料混合，然后依次加入到黄瓜提取液、芦荟提取液、马齿苋提取液的混合液中，升温至30℃，缓慢搅拌，依次加入蜂蜜、珍珠粉、脱氢乙酸钠，均匀搅拌成稠膏，调节稠膏的相对密度为1.05，制得稠膏状物。

（5）往（4）的稠膏状物中加入乳酸调节pH值至5.0~7.0。

（6）将步骤（5）处理后的稠膏状物高温杀菌，包装即可制得。

◀原料介绍▶ 所述黄瓜提取液是按以下方法制备：黄瓜洗净，切碎，放入榨汁机中，充分搅碎后，取糊状液体过滤除渣，得澄清液，将澄清液高温杀菌，冷却后保鲜储存。

所述芦荟提取液是按以下方法制备：取成熟的芦荟叶洗净去皮，紫外线杀菌

30～45min，然后磨碎成浆，在浆液中加入抗氧化物和乙醇，接着放入高速离心机中进行固液分离，离心温度设定为4℃，转速为8000r/min，离心20min，分离上清液和沉淀，沉淀加入其6倍质量的水，恒温90℃，不断搅拌，持续60～90min，过滤取滤液，将上述上清液与滤液混合，加入上清液与滤液总质量3%的水杨酸搅拌均匀，即可制得。

所述马齿苋提取液是按以下方法制备：将马齿苋干燥、粉碎，得到原料粉末，按原料粉末的2倍质量加入乙醇，混合提取，得到提取液。

所述植物油酸为棉油酸、菜油酸、豆油酸中的一种或其任意组合。

◀产品应用▶　本品是一种美白抗皱面膜。

使用方法：使用本美白抗皱面膜时，轻轻涂于脸部和颈部，形成薄膜，20～25min后，小心将面膜去掉即可，这种面膜可用于普通、干燥性衰萎皮肤，每周1～2次。

◀产品特性▶　本品在药理上具有活血化瘀、清热解毒、养血安神等功效，能快速渗透皮下达到改善局部微循环、活化表皮细胞、疏通堵塞、排除毒素，从而达到美白、修复皮肤的良好效果。

配方16　美白中药面膜

◀原料配比▶

原料	配比（质量份）		
	1#	2#	3#
当归	10	12	11
白茯苓	10	12	11
红花	10	12	11
白芷	5	6	5
白芍	8	10	9
肉桂	4	10	8
甘菊花	18	20	19
白蔹	8	10	9
附子	3	4	4
百合	10	12	11
黄精	6	8	7
牛膝	5	6	6
独活	3	4	3
何首乌	6	8	7
薰衣草	12	16	14
洛神花	8	10	9
柠檬片	6	8	7
去离子水	适量	适量	适量

◀制备方法▶

（1）将所述质量份红花、白芷、白芍、甘菊花、白蔹、百合、黄精、薰衣草、洛神花、柠檬片分别粉碎，过250～300目筛，混合均匀成超微细粉。

（2）将附子、当归、肉桂、何首乌、牛膝、独活、白茯苓加10倍的去离子水煎煮2h，过滤得滤液。

（3）再在滤渣中加入8倍的水煎煮1.5h，过滤得滤液，合并两次滤液，浓缩成相对密度为1.25～1.30的浸膏。

（4）将（1）所得细粉和浸膏混合在一起烘干后，再超微粉碎，包装即得所述的美白中药面膜。

◀ 产品应用 ▶　本品主要用于解决黄褐斑、蝴蝶斑、老年斑等色素沉着引发的肌肤问题。

使用方法：

（1）首先用温水清洁面部皮肤，然后最好能用品质较好的洗面奶清洗并加以按摩5～10min。

（2）调敷面膜：取本产品所述的美白中药面膜粉10g，用35～40℃温开水调成糊状，待稍凉后均匀敷于面部0.8～1mm厚，外敷保鲜膜以保湿，20～30min后去除面膜，清洗面部即可。

◀ 产品特性 ▶

（1）本产品各中药原料搭配合理，原料间具有协同增效作用，有调和气血、疏通经络、活血化瘀、滋养皮肤的功效。

（2）本产品不含抗菌剂、防腐剂等化学添加剂，天然环保、无任何毒副作用。

配方 17　美白滋养面膜

◀ 原料配比 ▶

原料	配比（质量份）		
	1#	2#	3#
葡萄	20	25	30
蜂蜜	6	8	10
山药粉	15	18	20
芦荟提取液	20	15	10
川芎	10	8	6
百合	10	8	6
龙胆草	7	9	12
黄原胶	5	6	8
脱氢乙酸钠	2	3	5
去离子水	适量	适量	适量

◀ 制备方法 ▶

（1）按质量份称取葡萄、蜂蜜、山药粉、芦荟提取液、川芎、百合、龙胆草、黄原胶。

（2）将洗净晾干表面水分后的葡萄捏碎后放入容器中，密封存放发酵5～7d，温度控制在 18～25℃，待容器中气泡产生不明显时，取出葡萄，用纱布挤出葡萄汁，收集葡萄汁以及葡萄籽。

（3）将步骤（2）的葡萄籽洗净烘干，然后研磨成 100 目粉末。

（4）将晒干的川芎、百合、龙胆草分别放入其 2 倍质量的去离子水中，煎煮 1～1.5h，冷却过滤取滤液，然后将各滤液混合，充分搅拌后得混合液。

（5）将山药粉、芦荟提取液、步骤（3）的葡萄籽粉末分别加入步骤（4）的混合液中，恒温 50℃，搅拌 10～25min，温度降至 10℃，然后加入步骤（2）的葡萄汁、蜂蜜、黄原胶、脱氢乙酸钠，搅拌成稠膏。

（6）将步骤（5）制得的稠膏高温杀菌、包装即可制得。

◀原料介绍▶ 所述芦荟提取液是按以下方法制备：取成熟的芦荟叶洗净去皮，紫外线杀菌 30～45min，然后磨碎成浆，在浆液中加入同体积的无水乙醇，接着放入离心机中进行固液分离，离心温度设定为 4℃，转速为 8000r/min，离心 20min，分离上清液和沉淀，沉淀加入 6 倍质量的水，恒温 90℃，不断搅拌，持续 60～90min，过滤取滤液，将上清液与滤液混合，加入上清液与滤液总质量 3% 的水杨酸，搅拌均匀，即可制得。

◀产品应用▶ 本品是一种美白滋养面膜。

使用方法：使用本美白滋养面膜时，轻轻涂于脸部和颈部，形成薄膜，20～25min 后，小心将面膜去掉即可。这种面膜可用于普通、干燥性衰萎皮肤，每周1～2 次。

◀产品特性▶ 本品在药理上具有活血化瘀、清热解毒、养血安神等功效。本品对皮肤干燥、灰黯、脱皮等症状具有改善作用。本品能活化表皮细胞，疏通堵塞，排除毒素，从而达到美白滋养皮肤的效果。

配方 18　祛斑美白面膜

◀原料配比▶

原料		配比（质量份）			
		1#	2#	3#	4#
大米		5	10	7	8
土豆		5	10	8	7
羊奶		10	15	11	12
蜂蜜		4	6	5	4
鸡蛋清		5	10	7	10
珍珠粉		10	15	12	11
植物提取物		5	8	7	6
植物提取物	黄秋葵	5	10	6	6
	艾叶	4	8	5	4
	玫瑰花	5	10	8	9
	葡萄籽	6	8	7	7
	黑枸杞	2	4	3	3
	灯芯草	4	6	5	4

（1）将大米、土豆先干燥至水分为 5%～10%，再粉碎至 5～10μm，再加入珍珠粉粉碎至 100nm 以内，得到粉末。

（2）将粉末与羊奶、蜂蜜、鸡蛋清均匀混合成黏稠液体，采用 40～100 目的纱布过滤，再放入水浴锅中，水浴温度为 60～80℃，水浴 1～2h，拿出冷却成膏体，再放入冰箱冷藏待用。

（3）将黄秋葵、艾叶、玫瑰花、葡萄籽、黑枸杞、灯芯草粉碎，经过乙醇真空提取，再减压去除乙醇，得到植物提取物。

（4）将步骤（2）所得膏体，步骤（3）所得植物提取物混合，搅拌均匀成为膏体流体，即得所述祛斑美白面膜。

〈产品应用〉 本品是一种祛斑美白面膜。

〈产品特性〉 本产品根据原材料各自的性能，最大程度保留了材料的有益成分，使资源得到了优化，制备方法简单、效率高、成本低。

配方 19　排毒除斑美白面膜

〈原料配比〉

原料	配比（质量份）		
	1#	2#	3#
芦荟	48	49	50
泡桐花	20	18	16
雪莲	32	34	36
皂角	24	22	20
黄芩	22	23	24
红豆	19	18	17
白芷	11	12	13
黄瓜汁	12	10	8
透明质酸	12	14	16
蜂蜜	24	22	20
蛋清	6	7	8
牛奶	32	30	28
海藻酸钠	10	11	12
麦芽粉	70	65	60
乙醇	适量	适量	适量
去离子水	适量	适量	适量

〈制备方法〉

（1）将芦荟、泡桐花、雪莲、皂角、黄芩、红豆、白芷放入去离子水中清洗，晾干，送入消毒机高温消毒，分别用气流粉碎机粉碎，将粉末混合均匀，备用。

（2）用乙醇-水体系作为溶剂，将混合粉末加入溶剂中，密闭环境下加热煮沸，过滤后，将滤液水浴加热蒸发乙醇，得提取液。

（3）将黄瓜汁、透明质酸、蜂蜜和牛奶加入提取液中，混合搅拌，并加入与混合物等体积去离子水，在50~54℃下搅拌30~40min，得混合液。

（4）将蛋清、海藻酸钠和麦芽粉依次缓慢加入混合液中，搅拌30~35min，过滤除去水分，在45~55℃的温度下加热25~35min，冷却至常温。

（5）真空下浓缩蒸发至相对密度为1.35~1.40的稠膏。

（6）将稠膏倒入面膜模具中，制成面膜。

◀产品应用▶　本品是一种排毒除斑美白面膜。

◀产品特性▶　本品具有很好的排毒养颜功效，效果突出、配方柔和、对皮肤无刺激作用，而且本品面膜还具有美白和滋润皮肤以及清热解毒、排出油脂的功效。

配方 20　润白修复面膜

◀原料配比▶

原料	配比（质量份）
去离子水	70
海藻糖	0.2
仙桃仙人掌提取物	1
香阿魏根提取物	9
甘草酸二钾	0.2
葡聚糖	2
寡肽-1	3
透明质酸	0.15
水解胶原	0.2
维生素 H	0.3
叶酸	0.3
维生素 B_3	4
D-泛醇	0.003
维生素 B_{12}	0.06
燕麦生物碱	15

◀制备方法▶

（1）按配方称取各原料。

（2）将称取的甘草酸二钾、葡聚糖混合均匀后，充分分散，得混合物 A；将称取的寡肽-1和透明质酸混合均匀后，得混合物 B；将称取的水解胶原和维生素 H 混合均匀后，得混合物 C；将称取的叶酸、维生素 B_3、D-泛醇和维生素 B_{12} 混合均匀后，得混合物 D。

（3）将称取的去离子水、海藻糖、仙桃仙人掌提取物、香阿魏根提取物和燕麦生物碱加热至85℃后，加入分散好的混合物 A，搅拌至完全溶解，保温20min。

（4）当温度降到48℃时，加入混合物 B，搅拌均匀，得混合物 E。

（5）当混合物 E 的温度降至45℃时，将预先升温溶解的混合物 C 加入混合物 E 中搅拌均匀。

（6）当温度降至 38℃时，加入混合物 D，搅匀出料，静置 24h 后取样送检，合格后灌装。

《产品应用》 本品是一种润白修复面膜。

《产品特性》 燕麦生物碱是来源于燕麦的活性成分，具有快速抗炎止痒、抗过敏、抗刺激、抗组胺、抗红斑的功效。采用海藻糖、仙桃仙人掌提取物、香阿魏根提取物和燕麦生物碱为主要原料，避免了化学合成物质的使用，其代谢快、容易被人体面部皮肤吸收，可以达到为面部表面皮肤补充水分和营养、修复相应机能的效果，且修复、抗敏效果显著。

配方 21 松茸泥面膜

《原料配比》

原料		配比（质量份）		
		1#	2#	3#
松茸泥		18	24	12
保湿剂		8	5	10
增黏剂		0.5	1	0.8
金属离子螯合剂	左旋维生素 C	3	—	—
	柠檬酸	—	8	10
防腐剂	苯氧乙醇	0.06	—	0.05
	桑普 K15	—	0.08	—
增白剂	传明酸	4	—	—
	熊果苷	—	2	—
	烟酰胺	—	—	3
营养添加剂	神经酰胺	—	3	—
	蚕丝蛋白粉	5	3	8
	胶原蛋白粉	5	—	—
去离子水		56.44	53.92	56.15
保湿剂	甘油	1	1	1
	透明质酸钠	0.4	0.6	0.6
增黏剂	高分子纤维素	1	2	2
	汉生胶	1	1	1

《制备方法》 首先将松茸泥与去离子水加热到 40～60℃保温 2～3h，然后冷却至室温得到松茸泥溶液；将保湿剂、金属离子螯合剂、防腐剂、增白剂与营养添加剂溶于去离子水中，然后加入松茸泥溶液继续搅拌，边搅拌边加入增黏剂和去离子水，搅拌均匀后得到松茸泥面膜。

《原料介绍》 所述松茸泥采用以下方法制备：

（1）松茸预处理：将松茸用 0.03%～0.06%碳酸氢钠溶液浸泡 2～4h，洗净后，捣碎。

（2）提取：取步骤（1）捣碎的松茸 10%～20%，加入 90%～80%去离子水，然后在 80~95℃下提取，获得提取料液。

（3）根据步骤（2）中提取的料液量，称取料液量 0.1%~0.2% 的结冷胶，将结冷胶用 15~25 倍去离子水进行溶胀处理得到结冷胶溶液，将溶胀后的结冷胶溶液加入步骤（2）获得的提取料液中，搅拌均匀获得松茸泥。

◀产品应用▶ 本品是一种松茸泥面膜，具有美白、消炎、除皱与祛痘的功效。

◀产品特性▶

（1）松茸泥面膜的保湿性好，面敷 15min 后的皮肤水分增长率为 36% 以上，能明显改善肤色、滋润肌肤、有效防止肌肤衰老、减少皱纹。而且该面膜所加辅料均具亲水或水溶性，易于皮肤吸收，用后直接用水洗净即可，使用方便。

（2）本产品安全无刺激，长期使用没有依赖性，适合所有肌肤类型人群使用。

配方 22　香菇泥面膜

◀原料配比▶

原料		配比（质量份）		
		1#	2#	3#
香菇泥		15	25	20
保湿剂		8	6	7
增黏剂		0.5	1	0.8
金属离子螯合剂	左旋维生素 C	3	—	—
	柠檬酸	—	8	10
防腐剂	苯氧乙醇	0.06	—	0.05
	桑普 K15	—	0.08	—
增白剂	传明酸	4	—	—
	熊果苷	—	2	—
	烟酰胺	—	—	3
营养添加剂	神经酰胺	—	3	—
	蚕丝蛋白粉	5	3	8
	胶原蛋白粉	5	—	—
去离子水		59.44	51.92	51.15
保湿剂	甘油	1	1	1
	丙二醇	—	—	0.2
	丁二醇	0.15	0.05	0.05
	透明质酸钠	0.4	0.6	0.6
增黏剂	高分子纤维素	1	2	2
	汉生胶	1	1	1

◀制备方法▶ 首先将香菇泥与去离子水加热到 40~60℃保温 2~3h，然后冷却至室温得到香菇泥溶液；将保湿剂、金属离子螯合剂、防腐剂、增白剂与营养添加剂溶于去离子水中，然后加入香菇泥溶液继续搅拌，边搅拌边加入增黏剂和去离子水，搅拌均匀后得到香菇泥面膜。

◀原料介绍▶ 香菇泥采用以下方法制备得到：

（1）香菇预处理：将香菇用 0.02％～0.04％碳酸氢铵溶液浸泡 2～4h，洗净后，捣碎。

（2）提取：取步骤（1）捣碎的香菇 10％～20％，加入 90％～80％去离子水，然后在 80～95℃下提取，获得提取料液。

（3）根据步骤（2）中提取的料液量，称取料液量 0.1％～0.2％的结冷胶，将结冷胶用 15～25 倍去离子水进行溶胀处理得到结冷胶溶液，将溶胀后的结冷胶溶液加入步骤（2）获得的提取料液中，搅拌均匀获得香菇泥。

◀**产品应用**▶ 本品是一种具有美白、消炎、除皱功效的香菇泥面膜。

◀**产品特性**▶

（1）香菇泥面膜的保湿性好，面敷 15min 后的皮肤水分增长率为 35％以上，能明显改善肤色、滋润肌肤、有效防止肌肤衰老、减少皱纹。而且该面膜所加辅料均具亲水或水溶性，易于皮肤吸收，用后直接用水洗净即可，使用方便。

（2）本产品安全无刺激，长期使用没有依赖性，适合所有肌肤类型人群使用。

配方 23 颉草美白面膜

◀**原料配比**▶

原料	配比（质量份）						
	1#	2#	3#	4#	5#	6#	7#
颉草提取物	20	15	10	8	5	2	1
七叶皂素	1	1	1	1	1	1	1
维生素 E 磷酸酯镁	15	15	15	15	15	15	15
聚甘油-3-双异硬脂酸酯	28	28	28	28	28	28	28
甘醇酸	24	24	24	24	24	24	24
亚麻油	30	30	30	30	30	30	30
透明质酸	40	40	40	40	40	40	40

◀**制备方法**▶

（1）将真空干燥后的颉草，在粉碎机中粉碎得到颉草粉末，将颉草粉末置于超临界萃取的萃取釜中。

（2）使用超临界 CO_2 作为溶剂，浓度为 65％的乙醇作夹带剂。

（3）调节萃取釜将萃取压力控制在 25～30MPa，温度控制在 45℃，CO_2 流量控制在 9L/h，萃取时间控制在 2h，得颉草提取物。

（4）将颉草提取物与七叶皂素混合依次加入维生素 E 磷酸酯镁、聚甘油-3-双异硬脂酸酯、甘醇酸、亚麻油加热搅拌溶解，将其降温至 30～50℃，加入透明质酸，使其溶解，进行乳化搅拌，冷却降温，成膏即得。

◀**产品应用**▶ 本品是一种颉草美白面膜。

《产品特性》 本品以缬草提取物为主要原料，加入七叶皂素以及一些基质，不仅其价格低廉，而且缬草提取物与少量的七叶皂素配合使用对于美白皮肤起到很好的协同效果，特别是缬草提取物与七叶皂素的质量比为（15～20）∶1时，美白效果大幅度提高。

配方 24　蛹虫草泥面膜

《原料配比》

原料		配比（质量份）		
		1#	2#	3#
蛹虫草泥		15	20	10
保湿剂		8	6	12
增黏剂		0.5	1	0.8
金属离子螯合剂	左旋维生素C	3	—	—
	柠檬酸	—	8	10
防腐剂	苯氧乙醇	0.06	—	0.05
	桑普K15	—	0.08	
增白剂	烟酰胺	—	—	3
	传明酸	4	—	—
	熊果苷	—	2	—
营养添加剂	神经酰胺	—	3	—
	蚕丝蛋白粉	5	3	8
	胶原蛋白粉	5	—	—
去离子水		59.44	56.92	56.15
保湿剂	甘油	1	1	1
	透明质酸钠	0.4	0.6	0.6
增黏剂	高分子纤维素	1	2	2
	汉生胶	1	1	1

《制备方法》 首先将蛹虫草泥与去离子水加热到35～45℃保温2～4h，然后冷却至室温得到蛹虫草泥溶液；将保湿剂、金属离子螯合剂、防腐剂、增白剂与营养添加剂溶于去离子水中，然后加入蛹虫草泥溶液继续搅拌，边搅拌边加入增黏剂和去离子水，搅拌均匀后得到蛹虫草泥面膜。

《原料介绍》 所述蛹虫草泥采用以下方法制备：

（1）蛹虫草预处理：将蛹虫草用0.03%～0.06%碳酸氢钾溶液浸泡2～4h，洗净后，捣碎。

（2）提取：取步骤（1）捣碎的蛹虫草10%～20%，加入90%～80%去离子水，然后在80～95℃下提取，获得提取料液。

（3）根据步骤（2）中提取的料液量，称取料液量0.3%～0.4%的结冷胶，将结冷胶用15～25倍去离子水进行溶胀处理得到结冷胶溶液，将溶胀后的结冷胶溶液加入步骤（2）获得的提取料液中，搅拌均匀，获得蛹虫草泥。

《产品应用》 本品是一种蛹虫草泥面膜，具有美白、消炎、除皱的功效。

◀产品特性▶

（1）蛹虫草泥面膜的保湿性好，经过本面膜面敷 15min 后，皮肤水分增长率为 28％以上，能明显改善肤色、滋润肌肤、有效防止肌肤衰老、减少皱纹。而且该面膜所加辅料均具亲水或水溶性，易于皮肤吸收，用后直接用水洗净即可，使用方便。

（2）本品安全无刺激，长期使用没有依赖性，适合所有肌肤类型人群使用。

配方 25 余甘子补水美白面膜贴

◀原料配比▶

原料	配比（质量份）
余甘子	0.5
芦荟	10
丙二醇	2
甘油	2
透明质酸	3
水溶胶	10
防腐剂	适量
香精	适量
去离子水	加至 100

◀制备方法▶

（1）将水溶胶、丙二醇、甘油、透明质酸加入适量去离子水中，混合均匀，脱气。

（2）将余甘子和芦荟加入步骤（1）物料中，搅拌均匀，再加入防腐剂、香精和剩余的去离子水，搅拌均匀，即成面膜液。

（3）将无纺布面膜贴折叠，装入已消毒的铝膜袋中，定量加入面膜液，封口，紫外线消毒即可。

◀产品应用▶ 本品是一种消炎抑菌、调理肤色的余甘子补水美白膜贴，对皮肤具有良好的滋润美白、护肤美容的效果。

◀产品特性▶ 本产品所述各原料理化性质产生协调作用，消炎抑菌、调理肤色；pH 值与人体皮肤的 pH 值接近，对皮肤无刺激性。本品使用后明显感到舒适、柔软，无油腻感，对皮肤具有明显的滋润美白、护肤美容的效果。

配方 26 珍珠粉免洗面膜

◀原料配比▶

原料	配比（质量份）	
	1#	2#
珍珠粉	15	40
聚乙烯醇粉末	5	14

续表

原料	配比（质量份）	
	1#	2#
玻尿酸	5	15
海藻酸钠	1	5
甘油	1	4
聚氧乙烯脱水山梨醇单油酸酯	0.5	2
山茶油	0.5	1
丁香油	0.45	4.5
十二烷基硫酸钠	0.25	0.8
肉桂油	0.05	0.5
去离子水	20	56
牛奶	25	30

《制备方法》

（1）把聚乙烯醇粉末放入反应容器中，加入 70～80℃ 的去离子水 10g，搅拌至聚乙烯醇粉末充分溶解，得到聚乙烯醇溶解液备用。

（2）把海藻酸钠放入反应容器中，加入 60～70℃ 的去离子水 10g，搅拌至海藻酸钠充分溶解，得到海藻酸钠溶解液备用。

（3）在 70～80℃ 的水浴中，将步骤（1）所得聚乙烯醇溶解液、步骤（2）所得海藻酸钠溶解液、珍珠粉、玻尿酸、甘油、聚氧乙烯脱水山梨醇单油酸酯、山茶油、丁香油、十二烷基硫酸钠、肉桂油和牛奶混合，搅拌 5～10min，充分混匀得混合液。

（4）将步骤（3）所得混合液室温放置 3～5min，即得凝胶状的珍珠粉免洗面膜。

《产品应用》 本品是一种具有较好的美白、控油、祛痘、去黑头、淡斑、生肌效果的珍珠粉免洗面膜。

使用方法：使用时，将这种面膜凝胶涂抹在脸上，15min 左右后，撕掉即可。

《产品特性》

（1）本产品呈凝胶状，解决了流质状的面膜涂抹不均匀，容易流到脖子、头发等处及其他使用时不舒适的问题。

（2）本产品含有聚乙烯醇和海藻酸钠，涂抹在脸上 15min 左右风干后形成一层柔软的膜，由于面膜中含有脱膜剂聚氧乙烯脱水山梨醇单油酸酯，所以可以很轻松地将膜撕拉掉且不用清洗。

（3）本产品能起到很好的美容作用。面膜里的珍珠粉有美白、控油、祛痘、去黑头、淡斑、生肌等功效；尿素囊能促进组织生长、加快细胞新陈代谢、软化角质层蛋白，从而使皮肤柔软且富有弹性、光泽；茶油富含甘油酸脂、山茶苷、茶皂醇、蛋白质、维生素 E，可促进内层细胞再生、防止水分流失、滋养皮脂细胞、改善及营养皮肤、抗氧化，具有保湿滋润、收紧皮肤、抗衰老、去黑头、治疗暗疮和减淡细纹、黑眼圈、雀斑及色斑等功能；聚氧乙烯脱水山梨醇单油酸酯作为油包水型乳化剂和可食用的防腐剂，能使各成分更好的混合，并对身体无害。

配方27　植物胶原蛋白面膜

《原料配比》

原料	配比(质量份)		
	1#	2#	3#
去离子水	80	86	90
水解胶原蛋白	8	10	5
水解蚕丝蛋白	2	3.5	5
银耳提取物	1.2	0.5	0.8
白鸢尾根部提取物	0.3	0.45	0.5
樱花花朵提取物	1.1	1.3	0.5
丁二醇	0.15	0.05	0.12
丙二醇	0.5	1	1.2
海藻糖	0.3	0.5	0.1
黄原胶	1.2	0.1	1
透明质酸钠	0.01	0.02	0.04
甘草酸二钾	0.21	0.25	0.15
尿囊素	0.13	0.12	0.12
维生素E	0.1	0.11	0.12
苯氧乙醇	0.02	0.03	0.01
乙基己基甘油	0.05	0.02	0.04
香精	0.1	0.3	0.5

《制备方法》　将各组分原料混合均匀即可。

《原料介绍》

所述银耳提取物的制备方法为：取新鲜的银耳，在 $25\sim30℃$ 环境下晾至含水质量分数 $\leqslant10\%$ ，粉碎至 $20\sim40$ 目，浸泡在体积分数为 $80\%\sim95\%$ 的乙醇溶液中 $10\sim20h$ 后，置于超声波提取仪中，在 $220\sim240W$ 功率下超声提取 $30\sim60min$ ，过滤，滤液在 $50\sim60℃$ 条件下减压浓缩，得浸膏、烘干，即得银耳提取物。

所述白鸢尾根部提取物的制备方法为：将白鸢尾根部用其质量 $6\sim12$ 倍水煎煮 $0.5\sim1.5h$ ，过滤，滤渣中再加入 $4\sim10$ 倍水煎煮 $0.5\sim1.5h$ ，过滤，合并两次滤液，滤液浓缩至原体积的 $1/4\sim1/3$ ，加盐酸至 $pH=1\sim2$ ，静置 $12\sim24h$ ，分离沉淀物和上清液，取沉淀物水洗至 $pH=5\sim6$ 后备用；上清液调 $pH=5\sim6$ ，浓缩至相对密度为 $1.10\sim1.20$ ，加乙醇至含醇量为 $60\%\sim70\%$ ，过滤，滤液浓缩至药液质量的 $1/3\sim1/2$ ，所得浓缩液通过大孔树脂柱，先以 $8\sim10$ 倍树脂体积的去离子水洗脱，再以 $3\sim6$ 倍树脂体积的 $40\%\sim70\%$ 乙醇溶液洗脱，收集乙醇洗脱液，减压回收溶剂，所得浸膏与上述沉淀物混合、烘干，即得白鸢尾根部提取物。

所述樱花花朵提取物的制备方法为：将樱花干花与体积分数为 $60\%\sim80\%$ 的乙醇溶液按照 $1g/(20\sim60)$ mL 的料液比混合后，于 $200\sim500kPa$ 的压力、 $100\sim200W$ 的功率下进行微波提取，提取时间为 $10\sim30min$ ；提取液过滤，得滤饼和首次

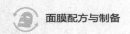

滤液；以滤饼替代樱花干花重复上述微波提取和过滤，得二次滤液；首次滤液和二次滤液合并后干燥处理，即得樱花花朵提取物。

‹产品应用› 本品是一种能够有效美白补水、滋养面部皮肤的植物胶原蛋白面膜。

‹产品特性› 本品添加有多种纯天然植物提取物，并复配以水解胶原蛋白、水解蚕丝蛋白及各种保湿美白组分，其配方合理、对皮肤无刺激、安全无毒，具有优异的美白补水效果，能舒缓肌肤、抗氧化、抗衰老，改善皮肤粗裂、黯淡的状况。

配方 28 植物酵素面膜

‹原料配比›

原料		配比（质量份）				
		1#	2#	3#	4#	5#
海藻提取液		35	35	30	25	8
乳化剂		10	10	5	19	10
保湿剂		10	10	10	—	—
滋补剂		7	7	10	—	—
增稠剂		0.5	0.5	5	—	—
珠光剂	珍珠粉	5	5	—	—	—
成膜物质	固含量为 40% 的丙烯酸乳液	2	2	2.5	1	—
	卡波姆	—	—	—	—	2
香精		0.5	0.5	—	—	—
去离子水		30	30	37	55	80
乳化剂	聚甘油脂肪酸酯	3	3	3	3	3
	月桂酸单甘油酯	2	2	2	2	—
	硬脂酰乳酸钠	1	1	1	1	2
保湿剂	甘油	2	2	2	—	—
	果糖	1	1	1	—	—
滋补剂	蜂蜜	1	1	1	—	—
	超氧化物歧化酶	3	3	3	—	—
	维生素 A	1	1	1	—	—
	维生素 E	1	1	1	—	—
增稠剂	藻酸钠	1	1	1	—	—
	氯化钠	2	2	2	—	—

‹制备方法› 将海藻提取液、乳化剂、保湿剂、滋补剂、增稠剂、珠光剂、成膜物质、香精和去离子水加入到均质机中，在温度为 50～80℃、压力为 2～4.5MPa 条件下，至少均质一次，均质时间为 10～40min，将均质后的混合物均匀涂布于面膜载体上，得到植物酵素面膜。

‹原料介绍›

所述海藻提取液，按照以下步骤进行：

（1）制备海藻破碎物：将洗净后的海藻破碎，得到海藻破碎物。

（2）制备酶解海藻：将海藻破碎物和水装入搅拌罐中，在 60～120℃条件下灭菌 5～40min，冷却至 27～45℃接入酶，酶解 30～60min，海藻破碎物、水和酶的质量比为（5～30）:（70～95）:（0.02～1），得酶解海藻。

（3）制备海藻滤液和海藻渣：将酶解海藻分离，所得滤液为海藻滤液，所得残渣为海藻渣。

（4）制备海藻发酵物：将海藻渣、尿素、硫酸镁、氯化钠、磷酸二氢钾和葡萄糖按照质量比 95.5:1:0.5:1:1:1 加入发酵罐中混匀，用水调至含水量为 50%～70%，在 70～150℃条件下灭菌 5～40min，冷却至 27～36℃，得混合培养基。接入胶红酵母，胶红酵母和混合培养基的质量比为（0.1～2）:（98～99.9），在温度为 27～36℃、发酵罐中氧气浓度为 8%～21%条件下，发酵 6～144h，在温度为 70～150℃条件下灭菌 20～40min，冷却至 20～40℃，得海藻发酵物。

（5）制备海藻提取液和海藻残渣：将步骤（3）得到的海藻滤液加入到步骤（4）得到的海藻发酵物中，搅拌混匀，得混合物。接入融冻法制备的产氨棒杆菌，混合物和产氨棒杆菌的质量比为（95～99.8）:（0.2～5），在温度为 25～35℃、含氧量为 1～8mg/L 条件下，发酵 1～6d，压滤后所得滤液即为海藻提取液，滤渣即为海藻残渣。

所述海藻是浒苔、海带、马尾藻、裙带和昆布中的一种或任意比例两种及以上。

◀产品应用▶ 本品是一种主要用于美白、防晒、祛斑、保湿和滋养肌肤的植物酵素面膜。

◀产品特性▶

（1）本产品采用溶菌酶和果胶酶对海藻进行预处理，溶菌酶使细胞壁不溶性黏多糖分解成可溶性糖肽，导致细胞壁破裂内容物溢出，方便后续提取。

（2）本产品采用好氧兼厌氧的胶红酵母在缺氧条件下发酵，可防止海藻营养成分的流失，并且厌氧发酵产生的酒精对海藻提取具有辅助作用。

（3）本产品采用好氧兼厌氧的产氨棒杆菌在缺氧条件下发酵，生产 ATP，ATP 是一种高能磷酸化合物，在细胞中，它能与 ADP 相互转化实现贮能和放能，从而保证了细胞各项生命活动的能量供应，修复受损皮肤。产氨棒杆菌的还原产物呈弱碱性，可以修复因长期使用有机酸而受损的角质层。

（4）通过融冻法提高产氨棒杆菌细胞的通透性，可以使产氨棒杆菌产生的 ATP 更容易从细胞膜中渗透到细胞外，效果明显好于未经处理的产氨棒杆菌。

配方 29　芦荟中药美白面膜

◀原料配比▶

原料	配比(质量份)				
	1#	2#	3#	4#	5#
芦荟汁	12	14	16	18	20
沙棘干果	4	5	6	7	9

原料	配比（质量份）				
	1#	2#	3#	4#	5#
白芷	3	4	5	6	8
白术	4	5	6	6	7
白茯苓	3	4	5	6	7
山梨醇	8	9	11	13	15
绵羊油	2	3	4	5	6
洋甘菊	1	2	2	3	3
维生素 C	0.5	0.8	1	1.5	2
牛蒡根	1	2	2	3	4
蜂蜜	2	3	4	4	5
玫瑰精油	0.1	0.3	0.5	0.8	1
甘油单酯	5	6	7	9	10

《制备方法》

（1）将沙棘干果、白芷、白术、白茯苓和洋甘菊干燥、粉碎、过 100 目筛，按照质量配比称取后混合，得混合物 A。

（2）向混合物 A 中加入芦荟汁、山梨醇、维生素 C、牛蒡根和甘油单酯，以 210r/min 搅拌混合 1h，得混合物 B。

（3）将混合物 B 升温至 30～40℃，向其中加入绵羊油、蜂蜜和玫瑰精油，搅拌均匀，所得膏状混合物即为所述中药美白面膜。

《原料介绍》 所述牛蒡根用的是经捣汁并离心分离后的清液。

《产品应用》 本品是一种芦荟中药美白面膜。

《产品特性》 本产品配方合理，采用了多种天然植物成分，具有优良的保湿、美白效果，生物相容性好，利用度高，且不易过敏。其中洋甘菊富含黄酮类活性成分，该成分具有抗氧化、消炎等功效，能发挥很好的抗敏感作用；牛蒡根富含蛋白质和钙及植物纤维、胡萝卜素等，抗老化作用强。

《产品特性》 本品原料配方合理、营养均衡、使用安全、美白效果显著。

配方 30　亮肤中药面膜

《原料配比》

原料	配比（质量份）			
	1#	2#	3#	4#
白芍	18	28	20	21
西洋参	10	22	16	15
川芎	13	22	17	15
当归	18	30	23	20
人参	22	28	25	24
三七	22	33	28	24

原料	配比（质量份）			
	1#	2#	3#	4#
白茯苓	28	36	32	30
白芷	24	36	30	30
珍珠粉	26	36	30	28
白蔹	25	36	30	30
蛋白粉	适量	适量	适量	适量
去离子水	适量	适量	适量	适量

◀制备方法▶

（1）按配比称取白芍、西洋参、川芎、当归、人参、三七、白茯苓、白芷、珍珠粉、白蔹，并将其洗净晾干备用。

（2）将步骤（1）中的备用药材烘干处理后碾成粉状，或将备用药物用粉碎机粉碎，混匀后备用。

（3）将步骤（2）中粉碎混匀的中药粉放置在辐照灯下辐照杀菌处理。

（4）取杀菌处理后的中药粉适量于小碗中，加入蛋白粉并加入去离子水调成糊状，即为成品。

◀产品应用▶ 本品是一种用于美白、亮肤，抑制黑色素产生，提高细胞活性，增强皮肤营养，敛疮生肌，活血行气，驻颜消斑的中药面膜。

使用方法：按照设定的用药时间间隔，每次取适量的面膜均匀涂抹于需要美白的部位。需要美白的部位包括面部、颈部或手部。用药时间间隔一天。

◀产品特性▶ 本品纯中药材磨制，不含有任何其他化学成分，面部给药，通过调理皮肤底层细胞活性达到美白、亮肤，抑制黑色素产生，提高细胞活性，增强皮肤营养，敛疮生肌，活血行气，驻颜消斑的效果。

配方 31　中药美白护肤面膜

◀原料配比▶

原料	配比（质量份）		
	1#	2#	3#
丝素	22	26	25
升麻	8	10	9
绞股蓝	12	15	13
珍珠粉	10	20	15
红豆杉	4	6	5
玉米须	8	10	9
女贞子	5	7	6
青蒿素	2	4	3
胶原蛋白	2	4	3
当归	2	4	3

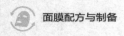

原料		配比(质量份)		
		1#	2#	3#
白芷		1	3	2
去离子水		适量	适量	适量
成膜剂		2	6	5
成膜剂	聚乙烯醇	0.8	1.6	1.0
	果胶	0.5	1.0	0.8
	结冷胶	0.4	1.0	0.6
	黄原胶	0.9	2.4	1.5

◀制备方法▶

(1) 将升麻、绞股蓝、红豆杉、珍珠粉、玉米须、当归、白芷、女贞子分别粉碎，混合到一起加水煎煮，煎煮一次后冷却过滤，得滤液 A；再次煎煮滤渣，冷却过滤，得滤液 B，合并两次滤液，得滤液 C。

(2) 向滤液 C 中加入丝素、青蒿素、胶原蛋白，加热搅拌均匀，然后浓缩成膏。

(3) 将浓缩膏置于乙醇中醇提，得醇提取物。

(4) 对醇提取物进行蒸馏除去乙醇，得组分 D。

(5) 向组分 D 中加入成膜剂，搅拌均匀，冷藏。

◀产品应用▶　本品是用于美白、祛斑、祛皱纹、消痘疤的一种中药美白护肤面膜。使用方法：制成的中药面膜直接涂在脸上，待成膜后揭下或洗掉即可。

◀产品特性▶　本产品具有良好的祛除皱纹、美白皮肤、恢复皮肤光泽度、恢复皮肤弹性、收缩毛孔、消除痘痘的功效；成膜剂配方与本产品面膜的其他组分一起形成的膜有良好的成膜速度、成膜透气性、成膜张力强度，从而能进一步提高皮肤对面膜成分的吸收。

配方 32　美白滋润面膜

◀原料配比▶

原料	配比(质量份)		
	1#	2#	3#
白附子	3	4	5
川芎	7	9	11
白芷	18	25	32
益母草	20	28	36
乌梅	6	8	10
百合	5	6	7
桑葚	4	6	8
鸡蛋	30	40	50
牛奶	20	25	30

《制备方法》

（1）将白附子、川芎等于 45℃烘干，研磨为细粉，过 100 目筛后混合均匀待用。

（2）打碎鸡蛋，取蛋清液，加入混合粉搅拌。

（3）再倒入牛奶，均匀搅拌调成糊状物，取面膜布浸入，20min 后取出，真空封装即可。

《产品应用》 本品是一种美白滋润面膜。

《产品特性》 本品具有滋润皮肤、防裂防皱、排毒祛斑的功效，对皮肤无刺激作用，长期使用有助于美白肌肤，排毒养颜。

参 考 文 献

中国专利公告

CN—201810008544.0
CN—201711254051.7
CN—201711136839.8
CN—201711111989.3
CN—201610355332.0
CN—201711213083.2
CN—201610316978.8
CN—201711141221.0
CN—201711110671.3
CN—201711255542.3
CN—201610246501.7
CN—201711378577.6
CN—201810112693.1
CN—201610222304.1
CN—201711278679.0
CN—201711469592.1
CN—201711426245.0
CN—201711230582.2
CN—201711174039.5
CN—201610222240.5
CN—201711377467.8
CN—201711377421.6
CN—201711156038.8
CN—201810187627.0
CN—201610369246.5
CN—201810003792.6
CN—201610546952.2
CN—201711442391.2
CN—201610511391.2
CN—201610554576.1
CN—201711247298.6
CN—201711284329.5
CN—201610483393.5
CN—201610475806.5
CN—201711402640.5
CN—201711356181.1
CN—201711414356.X
CN—201610451632.9
CN—201810023787.1
CN—201711253534.5

CN—201711354397.4
CN—201711152970.3
CN—201810042112.1
CN—201810193531.5
CN—201610526698.X
CN—201711406390.2
CN—201711264027.1
CN—201711404616.5
CN—201610301453.7
CN—201810179360.0
CN—201810008150.5
CN—201711237323.2
CN—201610550376.9
CN—201610478435.6
CN—201610365694.8
CN—201610435093.X
CN—201610291985.7
CN—201610265660.1
CN—201711375877.9
CN—201610563104.2
CN—201810040273.7
CN—201610397834.X
CN—201810011821.3
CN—201810032889.X
CN—201610397830.1
CN—201711394172.1
CN—201610477021.1
CN—201610673268.0
CN—201711136809.7
CN—201610218531.7
CN—201610522580.X
CN—201711311561.3
CN—201610402654.6
CN—201711426290.6
CN—201711141833.X
CN—201711406693.4
CN—201610364490.2
CN—201610305859.2
CN—201711215532.7
CN—201610591692.0

CN—201711484329.X
CN—201711449349.3
CN—201610402638.7
CN—201610397978.5
CN—201610275095.7
CN—201711425559.9
CN—201610250719.X
CN—201610190947.2
CN—201610190946.8
CN—201711076294.6
CN—201711395491.4
CN—201610187529.8
CN—201610368454.3
CN—201711140033.6
CN—201810074276.2
CN—201610159450.4
CN—201610190389.X
CN—201810008860.8
CN—201610361457.4
CN—201711384662.3
CN—201810011602.5
CN—201711489607.0
CN—201610386492.1
CN—201610524720.7
CN—201711299066.5
CN—201711264061.9
CN—201711336896.0
CN—201711193903.6
CN—201610245539.2
CN—201610515436.3
CN—201810015894.X
CN—201711338332.0
CN—201610388181.9
CN—201711489909.8
CN—201711340509.0
CN—201711110753.8
CN—201610163549.1
CN—201711325598.1
CN—201711327466.2
CN—201711256428.2

CN－201610706426. 8
CN－201711193907. 4
CN－201610239635. 6
CN－201711247221. 9
CN－201711136378. 4
CN－201711373336. 2
CN－201610298589. 7
CN－201610222305. 6
CN－201610397857. 0
CN－201610276007. 5
CN－201610487525. 1
CN－201711426029. 6
CN－201711279680. 5
CN－201610540607. 8
CN－201610448555. 1
CN－201610713300. 3
CN－201711435909. X
CN－201610364801. 5
CN－201711143995. 7
CN－201711219420. 9
CN－201711326076. 3
CN－201610373618. 1
CN－201711333892. 7
CN－201610355010. 6
CN－201711334626. 6
CN－201610459839. 0
CN－201610476178. 2
CN－201711241391. 6
CN－201610317145. 3
CN－201711216628. 5
CN－201810130644. 0
CN－201610438879. 7

CN－201711312114. X
CN－201610329299. 4
CN－201610384513. 6
CN－201610150914. 5
CN－201711476010. 2
CN－201610405081. 2
CN－201610286791. 8
CN－201610495475. 1
CN－201610623213. 9
CN－201610316979. 2
CN－201711320508. X
CN－201711441277. 8
CN－201610447862. 8
CN－201610508807. 5
CN－201711199289. 4
CN－201810076311. 4
CN－201711115694. 3
CN－201711212719. 1
CN－201610297417. 8
CN－201711358685. 7
CN－201610382702. X
CN－201810009191. 6
CN－201711139116. 3
CN－201610291996. 5
CN－201711125682. 9
CN－201711374358. 0
CN－201711193884. 7
CN－201810098916. 3
CN－201810008904. 7
CN－201711067159. 5
CN－201711233479. 3

CN－201711141198. 5
CN－201610219829. X
CN－201610402666. 9
CN－201711258169. 7
CN－201810090491. 1
CN－201810093899. 4
CN－201810090493. 0
CN－201810089469. 5
CN－201610482418. X
CN－201610576369. 6
CN－201610475810. 1
CN－201610633763. 9
CN－201610438904. 1
CN－201610292271. 8
CN－201610434922. 2
CN－201610405098. 8
CN－201610288062. 6
CN－201610154404. 5
CN－201610402651. 2
CN－201610402640. 4
CN－201711259893. 1
CN－201610397952. 0
CN－201610234858. 3
CN－201610233547. 5
CN－201711226756. 8
CN－201711482236. 3
CN－201610213024. 4
CN－201610435333. 6
CN－201711141673. 9
CN－201810068386. 8
CN－201711193901. 7